五輪を楽しむまちづくり

五輪を楽しむまちづくり

喜多功彦
KITA Katsuhiko

ロンドンから東京へ

鹿島出版会

はじめに

二〇二〇年オリンピック後の日本

二〇一五年五月。東京・丸の内で開催されたフォーラムにおいて、ある政治家が若い世代へのメッセージとして、「二〇二〇年後の日本」というフリップを掲げ次のように述べた。
「二〇二〇年東京オリンピック・パラリンピックはゴールではない。若い世代にはその後の日本がある。二〇二〇年以降は東京でも人口が減るが、活力ある社会を次世代に引き継いでいかなければならない。これは壮大な取り組みに見えるかもしれないが、実は身近なところ、小さな取り組みから始まる。自分のふるさと、地元を知り、東京の活力、魅力、課題も知ることで、日本の将来を考えるきっかけになればと思う」。

これを聞き、私は、似た話をどこかで聞いたことがあると思った。ロンドンオリンピック・パラリンピック（以下単に「オリンピック」という）である。ロンドンは、オリンピックを開催した二〇一二年ではなく、二〇三〇年を目標に取り組みを進めている。日本も二〇二〇年の東京オリンピック後を考えるうえで、私にできることとして、自分の知っているロンドンオリンピックのことを皆さんに紹介してみようと思った。

私は二〇一一年六月から二〇一四年七月までの三年間、国土交通省からの出向という立場で、ロンドンの在英国日本大使館に勤務する機会を得た。運よく赴任時期に恵まれ、二〇一二年のロンドンオリンピックについて、準備段階から、実際の開催、オリンピック後の跡地整備などに至るまで様々なことを知ることができた。二〇一三年九月に、二〇二〇年東京オリンピックの開催が決定して以降は、ロンドンオリンピックに関する各種調査や日本からの視察者のアテンドなども担当した。二〇一四年五月には安倍総理大臣もオリンピック・パークを訪問されたが、五月にもかかわらず底冷えのする寒い日だったことを記憶している。

ロンドンに滞在し、ひとりの市民として感じたことは、オリンピックは本当に楽しいということだ。しかもその楽しみ方に決まったルールなどなく、自分のスタイルで楽しめばよいのである。ロンドンオリンピックを経験するまで、地元でオリンピックを開催することが、これほど有益なことだとは想像もできなかった。

この本は、オリンピックに関心のある人に気軽に読んでもらい、そして多くの人に東京オリンピックに関わってもらいたいという思いから取り組むことになった。ぜひ私も東京オリンピックに関わりたい。そして、これを機にオリンピック後の日本の姿について考えていければと思っている。

（なお、本文中の筆者の私見は、政府の見解とは関係ないことを念のため申し添える）

「〝なんちゃって〟先進国」？　英国が見せた「本気」

皆さんはロンドンについてどのようなイメージをお持ちだろうか。

かつては、世界の中心だった英国。その首都ロンドンは大都会だ。ファッションや音楽など、流行の発信地でありながら、古い街並みも健在である。歴史ある格式の高い伝統文化もまた、ロンドンの大きな魅力だろう。しかし、私が経験したロンドンの日常生活では、巨大ナメクジが家の庭やトイレに出現する、荷物は届かない、地下鉄のストライキは日常茶飯事、ホットドッグのパンが冷たいなど、不都合も多かった。ある著名な日本人経済学者（故人）の夫人から聞いた話だが、最近の英国在住の日本人のなかには、このような英国を指し、「〝なんちゃって〟先進国」と呼ぶ人もいるようだ。

とはいえ、ロンドンの素晴らしさはその不満を補って余りある。なかでも人に優しいところは魅力的である。電車やバスのなかで優先席に座っている人は、お年寄りや体の不自由な人などを見かけたら、我先に席を譲ろうとする。優先席でおちおち寝ていられない。ある日、私がゴルフのパターを持って電車に乗ったら杖と間違えられ、降りるまでの三〇分の車内で五人もの乗客から席を譲ると声をかけられた。

そして、二〇一二年ロンドンオリンピックで見せた「本気」は素晴らしかった。豊富なアイデアと工夫、努力、苦労の跡がたくさん見られる。「本気」、これこそがロンドンオリンピックを表す言葉であろう。

ロンドンオリンピック組織委員会（LOCOG：London Organising Committee of the Olympic and Paralympic Games）の会長には、元陸上競技選手で一九八〇年モスクワオリンピック、一九八四年ロサンゼルスオリンピックの金メダリスト、文字どおりオリンピックのスターであるセバスチャン・コー氏（男爵）が就任した。

二〇〇五年七月にオリンピック開催が決定した際のロンドン都知事は労働党のケン・リビングストン氏であったが、二〇〇八年五月の選挙で破れ、保守党のボリス・ジョンソン氏に替わった。私は先日、東京でリビングストン氏と会った際、彼から面白いエピソードを聞いた。自ら政治任用し、オリンピックというものを知り尽くしていた腹心のニール・コールマン氏を、選挙後、政敵であるジョンソン都知事に引き継がせたという。コールマン氏はジョンソン都知事の政策顧問となり、オリンピック施設整備庁（ODA：Olympic Delivery Authority）の理事を兼務した。大会後は、ロンドン・レガシー開発公社（LLDC：London Legacy Development Corporation）の実務上のトップとして、二〇一四年五月の安倍総理、同年一一月の舛添東京都知事の訪英時にオリンピック・パークの案内役も務めている。

ロンドンオリンピックの「本気」を示すものとしては、たとえば会場整備において「PFI：Private Finance Initiative」という手法を用いなかったこともあげられる。

PFIとは、民間の知恵、資金、責任において施設・インフラ整備を行うもので、英国で始まった制度である。英国は自らを「PFIの王様」と自負している。しかし、ロンドンオリンピックではそれを採用せず、公共セクターの全責任において会場整備を行った。

この公共セクターには、先ほどのニール・コールマン氏をはじめ、ユーロトンネルの建設プロジェクトを指揮した人物、シドニーオリンピックの会場整備の経験を有する人物など、官民を問わず世界中から有能な人材が幅広く登用された。二〇〇八年には世界金融危機が発生し、建設・不動産市場の資金調達が難しくなるなど大きなハードルがあったが、それを無事乗り越え、期間内、予算内に施設整備を完了させた。

建設中のスタジアムと展望台（2012年1月）

もうひとつ、「本気」を示すわかりやすい例として、オリンピック開催中のロンドンにおける政府官庁の出勤停止がある。オリンピック開催中、市内の交通混雑を少しでも緩和しようと、政府関係の職員に休暇取得を強く促した。要は、「職場に来るな」ということである。この措置によって、英国の役人たちは喜んで家族とともにオリンピック観戦に行くことができた。

この「なんでもあり」の対応こそ、「本気」を示すものである。ぜひとも、二〇二〇年の東京オリンピックでも同様の措置をお願いしたい。そもそも日本人は働きすぎだといわれるのである。

オリンピックに関わるということ

ロンドンオリンピックを体験し、地元でのオリンピック開催は本当に得だと実感した。なんらかの形でこのビッグイベントと関わりを持つことができ、世界中の人とも知り合うチャンスがある。オリンピックに関わる意味合いについては、一九九八年の長野冬季オリンピックを担当した長野市の関係者の「オリンピックをみんなでやり遂げたことは、アイデンティティの形成に繋がった。ひとりじゃできないことも、みんなとやればなんとかなる。そんな当たり前のことを学んだ」という話に集約されているかもしれない。

私自身は、二〇一二年のロンドンオリンピックには、ふたつの立場で関わった。ひとつは仕事としてで、もうひとつはロンドン市民としてである。

仕事としては、ロンドンオリンピックにおける会場・インフラ整備にとどまらず、まちづくりに関する政策全般にわたり、文献や資料を読み、関係者からヒアリングし、現地視察を行った。

メイン会場であるオリンピック・パークには、通算、数十回は訪問したであろうか。英国政府、ロンドン都、オリンピック施設整備庁（ＯＤＡ）、ロンドン交通局（ＴｆＬ：Transport for London）など多くの人と関わり、オリンピックにかぎらず、ロンドンという街やそこに暮らす人々のことなど、様々なことを勉強させてもらった。ロンドンオリンピックの水泳競技場（Aquatics Centre）の設計者で、東京オリンピックのメイン会場となる新国立競技場をデザインしたザハ・ハディド氏の事務所にも訪問する機会を得た（二〇一五年七月にザハ氏がデザインした新国立競技場の建設計画の見直しが決定したが）。

男子団体フェンシング準決勝日本対ドイツ
奇跡の逆転劇（2012年8月）

もうひとつのオリンピック参加は、地元住民としてである。やはり会場に行き、世界の強敵と闘う日本選手を応援したかった。レスリング女子、フェンシング男子、サッカー女子など、メダル獲得の瞬間をこの目で見ることができたのは幸せとしかいいようがない。表彰式で日の丸が上がり、日本の国歌が流れると、感動という言葉を超えたなんともいえない気持ちになった。日本選手の頑張りに、本当に感謝感謝感謝である。

私には息子と娘がおり、ロンドン現地の小学校に通っていた。学校ではオリンピック関係のスポーツイベントが開催され、陸上競技種目を真似た、やり投げや走り幅跳びなどの記録会が子どもたちに人気があった。子どもたちのスポーツイベントや地域のストリート・ダンス大会での優勝賞品は、オリンピックのチケットだった。

ロンドンオリンピックはボランティアが支えたともいわれている。期間中は一〇万人近いボランティアが競技会場やその周辺、主要な交通施設、観光地などに配置され、その陽気でフレンドリーな態度が素晴らしい雰囲気を醸成していた。そして、ロンドン市内を流れるテムズ川にかかる跳開橋のタワーブリッジをはじめ、観光地や駅、街なか、公園では、オリンピック旗や英国旗（ユニオンジャック）をあしらったモニュメントが数多く出現した。

タワーブリッジに掲げられた五輪マーク（2012年8月）

オリンピックを盛り上げるとはこういうことか、それぞれの立場で関わり、各々が盛り上がればいいのだと感じた。今は東京オリンピックに関心のある人もない人も、もっともっと気軽にオリンピックに関わり合える環境整備こそが重要なのである。

ロンドンオリンピックから学ぶ

二〇二〇年東京オリンピックを考えていくうえで、二〇一二年のロンドンオリンピックを再考することは単に直近のオリンピックであるということ以上に大きな意味合いがある。

その理由のひとつは、ロンドンオリンピックは、成熟した都市におけるオリンピックのあり方を提示していることだ。

二〇〇八年北京オリンピック、二〇〇四年アテネオリンピックは、どちらかといえば経済発展型、国威発揚型ではなかっただろうか。また、成熟都市でのオリンピック開催としては、二〇〇〇年のシドニー、一九九六年のアトランタ、一九九二年のバルセロナなどもあるが、ロンドンや東京と違い首都ではない。オリンピック施設整備庁（ODA）の議長であったジョン・アーミット卿の言葉を借りれば、成熟都市でのオリンピックは「六週間のイベントのためだけに巨額のお金はかけられない」ため、「オリンピック後に何を残すか、ということを関係者が徹底的に考える」必要があるだろう。

ロンドンオリンピックの基本コンセプトは、「レガシー（何を残すか）」、「サステナビリティ（持続可能性）」、「インクルージョン（一体性）」である。

「レガシー」は、ソフトとハードの両面あるが、ハード面では、英国内の最貧困エリアである東ロンドンにおいてオリンピック・パークをはじめとした施設・インフラ整備を行い地域再生を図ることである。会場整備に当たっては、既存施設を可能なかぎり利用し、新たに建設しなければならない施設であってもオリンピック後の利用を重視した。

「サステナビリティ」は、気候変動などグローバルな問題への対応に加え、より身近な地域の自然環境・生活環境を保護し、再生しようとするものである。ロンドンでは、エコロジーをテーマとした二〇〇〇年シドニーオリンピックをひとつの目標とし、それを上回る環境配慮型の大会をめざした。

「インクルージョン」については、ロンドンはパラリンピック発祥の地として、身体などの障がいのみならず、人種、宗教、民族、年齢、性別、貧富の差、職業などあらゆる違いを乗り越え、社会の一体性の確保や人々の融和を訴えた。

ふたつ目のポイントとして、ロンドンは過去のオリンピックを入念に調査していることがあげられる。

たとえば、施設の長期利用を考えるうえでは、四〇年前に開催された一九七二年ミュンヘンオリンピックに着目している。ミュンヘンでは現在も、オリンピックの会場および周辺エリアは、サッカーのみならず、コンサートや陸上競技の会場として上手に利活用されている。一九九二年バルセロナオリンピックは、それまで衰退していた都市を再生し、欧州でも有数の国際都市へと変貌を遂げるきっかけとなったことを高く評価している。その一方で、バルセロナでの対策は少しハード面の拡充に偏りすぎていたため、ロンドンオリンピックでは、ソフト面の対策も重視すべきとした。

最後の三つ目のポイントとして、ロンドンは、ロンドンオリンピックで培った経験を世界にシェアしようとしていることがあげられる。これは大変ありがたいことだ。

オリンピックというビッグイベントの開催、運営、施設整備など、ロンドンが経験したこと自体が「レガシー」であり、国内外に幅広くシェアすることは責務だという考え方である。オリンピック施設整備庁（ODA）は、すでにオリンピック開催前から「ラーニングレガシー（Learning Legacy）」という情報共有サイトを立ち上げ、行政機関、民間企業、大学などとの協力で、成功事例、新技術などを紹介している。さらに、実際の業務に携わった関係者が執筆した報告書が三〇〇本近く掲載されていて大変参考になる。東京オリンピックで実務に携わる人にはぜひ利用を薦めたい。

目次

装釘・組版指定：伊藤滋章

第一章

世界一の街、ロンドンの魅力と課題

本章では、ロンドンという街について、歴史、地理、社会的背景も踏まえ、その魅力と、目下の課題について紹介していきたい。また、二〇一二年ロンドンオリンピックの歴史的意義やオリンピックが与えた経済的、社会的インパクトについても考えたい。

ロンドンのイメージ？（グリーンベルトで囲われた都市）

まずロンドンの街の話から始めよう。とはいえ、いまさら「ロンドンとは英国の首都」など と、退屈な説明をするわけにもいかない。ロンドンのイメージは人それぞれであろう。ビッグ・ベン、二階建てバス（ダブルデッカー）、シャーロック・ホームズ、ハリー・ポッター、バッキンガム宮殿、ロックミュージックなど、ロンドンにまつわるものは様々だ。

世界遺産に指定されているロンドンの「キュー王立植物園（キューガーデン）」ではオリンピックに合わせて巨大な五輪マークの花壇をつくり、オリンピックムードを盛り上げていた。この花壇は、ロンドン・ヒースロー空港に着陸する航空機からも眺めることができ、世界中から訪れるアスリートや観客を地上から歓迎するという意味合いが込められていた。

ビッグ・ベン（国会議事堂）

世界遺産のキューガーデンに登場した五輪マークの花壇（2012年4月Andrew McRobb氏撮影）

ところで、ロンドンの街の広さや人口は一体どのくらいであろうか。ざっくりいえば、「東京都のだいたい三分の二」である。あえて東京「都」としたのは、東京は神奈川、埼玉、千葉と繋がっている（役人的には「市街地が連たんしている」）ためで、仮に一都三県を東京「圏」とし、同じくロンドンも周辺の衛星都市を含め、都市圏レベルで比較を行った場合「ロンドン都市圏は東京都市圏の半分または三分の一」である。東京の半分または三分の一といっても、ヨーロッパの都市は規模が小さいため、世界的に見ればロンドンはパリと並ぶ巨大都市といえる。

また、ロンドンは周囲を「グリーンベルト」と呼ばれる緑地帯に囲まれているという特徴がある。グリーンベルトは何に利用されているかというと、農場、自然公園、サッカー場、ゴルフ場などである。車で三〇分も走れば、なかなかよいコースで料金も安いゴルフ場がゴロゴロしているゴルファー天国でもあるのだ。東京も戦後、ロンドンを参考に都心から二〇〜三〇キロ圏にグリーンベルトを設定する構想があった。結果的に実現には至らなかったが、埼玉県であれば現在の新座市、平林寺あたりに緑が広がっている。これらはグリーンベルト構想の残骸と考えていい。

ロンドンのグリーンベルトは、環境に優しく、景観にも優れ、レクリエーションの場として市民に利用されるなどメリットも多いが、その反面、問題も抱えている。グリーンベルトのエリア内では開発行為、すなわち住宅や商業施設の建築は制限されているため、ロンドン全体で見れば開発できる土地が不足することとなる。結果として、ロンドンだけでなく、英国全体にとって経済成長の妨げになるのではないかという懸念がある。ロンドンにとって、グリーンベルトのメリットを守りつつ、成長のために、新規開発可能な土地を生み出すことは、長年の課題だった。

グリーンベルトをよく見ると、実はロンドンを完全には一周しておらず、一部、途切れている箇所がある。その位置はロンドンの東のエリアである。ロンドンを流れるテムズ川は、河口である東に行くにしたがい川幅が広くなり、湿地帯が広がる。グリーンベルトはアルファベットでいえばCの形をしており、このCの口の開いている部分、すなわち東ロンドンこそが唯一、新規の大規模開発が可能なエリアなのだ。

ロンドン外周のグリーンベルトとテムズ川

しかしこの東ロンドンは湿地帯で、昔からの工業地域。土壌汚染も深刻だったため、開発には不向きな土地とされてきた。そのため、二〇〇五年のロンドンオリンピック開催決定と同時に、「オリンピックを起爆剤に東ロンドンを再生しよう」という機運が高まり、これこそがロンドンオリンピックの施設・インフラ整備の大きな原動力となった。

世界都市ランキング一位（世界からヒト・モノ・カネを集めよ）

人口と市街地の広さだけで都市の優劣が決するなら、人口三六〇〇万人の東京圏はまさしく世界一であろう。しかし、残念ながらそうではない。むしろ、人口一〇〇〇万人以上のメガシティと呼ばれる巨大都市になると、一般的にはスラム化、交通渋滞、環境、水・エネルギー不足、犯罪などマイナスの面が大きくなり都市経営が難しくなる。私は二五歳のころ、約一年間、人口二〇〇〇万人のメキシコシティに遊学したことがある。あのエネルギッシュな街の雰囲気は刺激的だったが、一方で、犯罪、貧富の差など難しい都市問題に直面していた。

ここである調査結果を紹介したい。毎年、森ビルに関係する森記念財団が「世界の都市総合力ランキング」を発表している。このランキングは、「地球規模で展開される都市間競争下において、より魅力的でクリエイティブな人々や企業を世界中から惹きつける、いわば都市の〝磁力〟こそが『都市の総合力』であるとの観点に立ち、世界の主要都市の総合力を評価し、順位付けしたもの」で、経済、研究開発、文化交流、居住、環境、交通アクセスなどを総合的に評価したものだ。二〇一四年のランキングでは、一位はロンドン、二位はニューヨーク、三位はパリ、東京は四位、五位はシンガポールとなっている。

なるほど、ロンドンは一位、東京は四位か……。

国内の調査結果だけでは不公平なので、海外の調査結果も参考にしよう。ロンドンを本拠地に世界中に拠点を持つコンサルタント会社、プライスウォーターハウスクーパース（PWC：Pricewaterhouse Coopers）が世界三〇都市を比較している。二〇一四年の調査によれば、一位はロンドン、二位はニューヨーク、三位はシンガポール、パリは六位、東京は一三位となっている。

なるほどロンドン一位。東京は一三位か……。

いずれの調査でも、「ロンドンはすごい！」と評価されているようだ。

ではいったいロンドンの何がすごいのであろうか。端的にいえば、経済、環境、文化、観光、教育などあらゆる分野で「ヒト・モノ・カネ」をひきつけているということであろう。アラブ、中国、ロシアなど新興国を含め世界中から投資を呼び込み、シティの金融街などにクリエイティブな人材が集い、公園や緑が多く美しい景観を持ち、歴史に溢れ、音楽、絵画などの文化とサッカーなどスポーツが楽しめ、世界中から観光客や留学生が多数訪れるということである。

興味深いのは、森記念財団のランキング調査は二〇〇九年に始まったが、その調査開始時点では、ニューヨークが連続して一位であったが、二〇一二年にロンドンが一位となって以来、その座をキープしていることだ。PWCの調査でも、二〇一二年はニューヨークが一位だったが、二〇一四年の調査ではロンドンが一位の座を奪っている。このことからも、二〇一二年のオリンピックを契機としロンドンがどのような戦略を立て、それを実行し、かつ実行中であるかを学び、今後の日本の戦略づくりに役立てることは重要なことだと考えている。

ロンドンの金融街シティ

仕事柄、ロンドンのまちづくり担当者と話す機会も多かった。彼らから度々「東京ではどのような取り組みをしているのか?」と聞かれた。三六〇〇万人のメガシティ東京が、どのように都市をマネジメントしているかについての質問も数多く受けた。

ロンドンの現下の課題のひとつに住宅不足がある。ロンドン都の「住宅戦略」は、まず東京との比較を行い、必要な対策を打ち出している。さらに、ロンドン都の文化レポートでも、東京のコミュニティレベルで開催される地域のお祭り行事を高く評価している。このように、ロンドンと東京が学び合い、競い合い、結果としてふたつの都市がお互い豊かになればいいと思う。

子どもから学ぶロンドンの歴史（発展の歴史から取り残された東ロンドン）

ロンドンの歴史をざっと振り返ろう。普通では面白くないので、ロンドンの小学校に一〜三年生まで通った息子が学校で教わってきた内容と、彼が大好きだったBBCの子ども向け歴史番組「ホリブル・ヒストリーズ（冷酷な歴史）」の内容をベースに紹介したい。

子ども向けの歴史は単純で、大変わかりやすい。一七七六年のアメリカ合衆国の英国からの独立は、息子が小学校で学んできた内容によれば「アメリカは大英帝国のメンバーであることをキャンセルした」というものだった。私たちが習うボストン茶会事件や「英国の圧政からの独立」などという、血なまぐさいイメージはなく、淡々としたものだった。

息子にとって、ロンドン、そして英国の歴史を語るうえで重要なキーワードは、「ローマ人」、「エクスカリバー」、「魔法使いマーリン」、「ヴァイキング」、「ヘンリー八世」、「エリザベス女王」、「ロンドン大火」、「産業革命」、「ヴィクトリア女王」といったところのようだ。「ヘンリー八世」は、日本ではあまり有名ではないが、英国の子どもたちにはその個性的なキャラクターが人気だ。「魔法使いマーリン」はBBCの人気テレビシリーズのキャラクターで、英国の子どもたちにはおなじみの存在である。

息子に歴史解説をさせてみたところ、だいたい次のとおりである。

「ロンドンにローマ人がやってきて街をつくった。ローマ人たちは、バースという街でお風呂をつくったため、バースという言葉がお風呂を意味するようになった。ロンドンでは今でも地下からローマのコインが出てくる。アーサー王が魔法使いマーリンの力を借り、伝説の剣、エクスカリバーを使って悪者と闘った。ヴァイキングが海を渡って攻めてきた。自分勝手なヘンリー八世は、たくさん奥さんがいて気に入らなくなると殺した。ロンドン塔に閉じ込められた奥さんもいて、その娘がエリザベス。エリザベスは女王となり海の戦いでスペインを破り、その後、強い国は英国とフランスだけになった。テムズ川の橋にあったパン屋から火が出てロンドンは火事になった。火事の後、ロンドンでは木で建物をつくることをやめ、石で建物をつくった。産業革命によって新しい機械やＳＬが発明され、みんなの生活が便利になった。ヴィクトリア女王の時に、ロンドンは世界で一番のお金持ちになったが、普通の人はおんぼろの家に住んでいた。戦争になってドイツのヒトラーがロンドンに爆弾を落としていったが、アメリカと一緒に頑張って戦争に勝った」。

ざっと、こんなところだ。この歴史解説が正しいかどうかは、歴史家の判断に委ねたいところだが、二〇一二年ロンドンオリンピックと関係するポイントはふたつある。

ひとつ目は、「ロンドン大火」である。一六六六年九月二日、テムズ川に近いプディング・レーンにあるパン屋から発生した火事は、近くの建物に燃え広がり、数日間燃え続け、ロンドン中心部は焼け野原となった。その後、上流階級の人々はシティの西の新市街に移動し、反対に貧しい人たちは湿地や倉庫街だった東へ移動した。これによりロンドンは東西に大きく広がることとなったが、東西で大きな貧富の差が生まれる結果となった。

ふたつ目は、一九世紀後半から二〇世紀初頭にかけて、ロンドンが世界一の栄華を極めた「ヴィクトリア朝時代」である。ヴィクトリア朝時代には、産業革命の負の側面として労働者の生活環境の悪化、すなわちスラム化や公衆衛生の問題などがクローズアップされた。これに対処するため、行政は、公園、公営住宅、下水道など、インフラを積極的に整備した。しかし、東ロンドンは工業地域、倉庫地帯、湿地帯という地理的な事情もあり整備が遅れ、取り残される形となった。

二十一世紀になってもロンドンの東西には貧富の格差があった。東ロンドンには低所得者や植民地からの移民などのマイノリティが多く暮らし、失業者も多く、低賃金、治安もよくないというイメージが三五〇年にわたり続いていたのだ。

東ロンドン地域を底上げし、東西の貧富の差をなくし、ネガティブなイメージを払しょくすることは長年の課題だった。このような意味で、二〇一二年のロンドンオリンピック開催とそれを契機とした東ロンドンの開発は、単なる地域開発ではなく、過去の歴史を清算する歴史的プロジェクトであった。

ロンドンの人口急増と住宅問題（住宅ストックの不足と住宅価格の高騰）

二〇一三年一〇月、ロンドン都のボリス・ジョンソン知事は「ロンドンの経済成長にとって最大の課題は住宅問題である」と述べた。ロンドンの急激な人口増加に対し、適切な住宅供給が行われていないことについて、強い危機感を表明したのである。

ロンドンの人口は二〇一五年時点で八六〇万人。二〇三〇年には一〇〇〇万人を超えると予想されている。日本では戦後、都市部において急激な人口増加を経験した。首都圏一都三県の人口は、一九五〇年の一三〇〇万人から、一九七〇年に二四〇〇万人、二〇〇〇年には三三〇〇万人、さらに今や三六〇〇万人となった。日本人は経験則として、戦後、「都市の人口は増加するもの」と信じきっているが、ロンドンはそうではない。ロンドンは戦後、人口が大きく減少した都市である。人口のピークは第二次世界大戦ごろの一九四〇年で、二〇一五年と同じ八六〇万人であった。戦後、英国経済は長らく低迷し、ロンドンの人口は戦後の五〇年間で二〇〇万人も減少して、一九九〇年には六六〇万人となった。私が中学校で「英国は先進国病」という話を習っていたころである。しかし、一九八〇年代、「鉄の女」サッチャー首相が登場し数々の改革を実行した。引き続きメージャー首相、労働党政権になりブレア首相などの手腕もあり英国経済は復活を遂げる。私の英国人の友人で、サッチャー首相を好きな人はあまりいない。サッチャー首相は、英国人にとって、それほどつらい改革を断行したのであろう。

そして再生したロンドンは、一九九〇年からの二五年間で人口が二〇〇万人増加した。およそ先進国の都市、成熟都市とは思えない人口爆発といえる。一方、英国全体で一年間に建設される住宅の数は約二〇万戸で、日本の五分の一である。人口増加のペースに対し、住宅が不足するのも当たり前である。

住宅の不足とともに、住宅価格の高騰も深刻である。ロンドンの平均住宅価格は二〇一三年に四三・七万ポンド（八四三四万円）となり、対年収比は約一〇倍となった。

海外投資家によるロンドン中心部、シティへの不動産投資が住宅需要をさらに押し上げている。二〇〇八年の金融危機によって、ポンドの為替レートが低下しロンドンの不動産市場が海外投資家にとってより魅力的なものになった。中東、ロシアに加え、最近はとくに中国、マレーシア、シンガポールなどアジア勢も積極的に投資を行っている。海外投資家の投資先はオフィスビルなど商業施設が中心だが、ロンドン中心部の高級住宅にも投資しており、マスコミによれば、ロンドン都心部の新築住宅の七五パーセントは海外投資家に購入されている。また、民間調査機関によれば、ロンドン全体の新築住宅の一〇〜一五パーセントは海外投資家に購入されているともいわれる。

いずれにせよ、ロンドンでは住宅供給を大幅に増やす必要があるが、なかなか土地が見つからない。唯一の可能性が、前述したグリーンベルトのCの形の途切れている箇所、すなわち東ロンドンである。

今後の予想で人口増加率が一番高いのも東ロンドンである。だからこそ、オリンピック・パーク内の旧選手村とオリンピック・パーク周辺に新たな住宅地の開発を推進した。すでに旧選手村で約二八〇〇戸の住宅が賃貸住宅として供給されており、今後、パーク内とその周辺では五つの住宅エリアが開発され、約八〇〇〇戸の住宅が供給される。

この都市再生プロジェクトは、ロンドン都が設立したロンドン・レガシー開発公社（ＬＬＤＣ）が主導している。ＬＬＤＣは、パーク内の土地所有権を有し、同時に都市計画に関する権限も有する。かつて一九八〇年代、荒廃した地域の再生を官主導で一気に進めるために、サッチャー首相が用いた手法と同じである。やはりサッチャーは偉大な政治家だったということか……。

オリンピック後に改装中の選手村（2013年10月）

島国であること（切っても切れないヨーロッパとの関係）

英国は島国である。英国人が「ヨーロッパの国々」という場合、自国を含まず「ヨーロッパ大陸の国々」を指すことが多い。日本人が「アジア」という場合に、日本を含まないのと同じである。

ヨーロッパ大陸から離れた島国という地理的事情は、過去の歴史ではどちらかといえば英国にとって有利に作用してきた。たとえば、スペインの無敵艦隊、フランス皇帝ナポレオン、ナチスドイツのヒトラーも上陸できず、英国は独立を守り続けてきた。しかし、このような地理的なメリットは、東西冷戦の終結後、ヨーロッパがひとつとなり経済のグローバル化が進んだ今、逆にハンディキャップとなりつつある。

これを埋めるべく一九九四年に登場したのが、ロンドンとパリを二時間で結ぶ超高速鉄道「ユーロスター」である。ユーロスターに乗れば、英国北部のマンチェスターやリバプールより短時間で、パリに行くことができる。今後このユーロスターをドイツまで繋げる計画もある。

英国もロンドンも、ヨーロッパとの関係なくして発展の道は考えられない。そのため、ヨーロッパからロンドンへの玄関口である東ロンドン、とくに駅のあるストラトフォード地区の重要性は高まっている。二〇一八年にはクロスレイルと呼ばれるロンドン・ヒースロー空港などと直接リンクする高速鉄道も開業する。東ロンドンへの期待は増すばかりで、この地にオリンピック・パークが建設されたことは必然の結果である。

英国とヨーロッパ大陸を繋ぐユーロスター

翻って、英国にとってのヨーロッパのように、日本にとってもアジアが重要である。アジアとの地理的かつ心理的な距離を縮めるべく、二〇二〇年の東京オリンピックをうまく活用していかなければならないと思う。私は二〇年近く前に役所に入ったが、当時先輩から「ユーロトンネルに負けない日韓トンネルを掘る。そんな気概で仕事をやれ」と薫陶を受けたことがある。当時と今とでは状況が違うが、その気概は失っていない。

ロンドンの特徴を活かした長期戦略（オープンな環境と多様な文化）

サッカー、テニスなどのスポーツにかぎらず、教育、経済、企業、軍事など様々な分野における戦略において重要なことは、弱みや欠点を補い、強みや長所を伸ばすことだろう。これは都市戦略においても同じである。

ロンドンの弱みは何か。

食生活が質素なことだろうか。英国からフランス、イタリア、スペインなどを旅行するとやはり大陸のほうが安くて美味しい料理を楽しめるとは思うが、ロンドンもいうほど悪くない。値段は少し張るが、レストランの種類は非常に多様で、レベルの高いところも多い。

次に、天気が悪いということだろうか。曇りの日が多く、小雨がよく降る。しかし、これによって緑の芝は簡単に管理でき、初夏には美しいバラが街に咲き乱れる。

それ以外のロンドンの弱みは、やはり住宅の問題だろう。英国では中古住宅の流通が多く、日本人は「英国人は古い家が好き」と勝手に信じているところがあるが、政府の役人と話をしたところ「それは迷信だ」と怒られたことがある。英国で住宅を買おうとしても八割は中古住宅で、数少ない新築住宅が市場に出ればすぐに売れてしまうのだ。

また、日本人は日本の家は欧米に比べ狭いと信じきっているがこれも事実ではない。平均床面積は、英国の家のほうが狭い。さらにロンドンでは近年、平均床面積の減少が続き、毎年住宅が狭くなってきている。日本では、若者を中心に新たな暮らし方として注目されるシェアハウスも、ロンドンでは居住の過密化、密集化としてどちらかといえばネガティブな印象があり、大家の登録制度すらある。

先ほどの東ロンドンと他地域との格差問題もあり、住宅問題などの弱みについては、オリンピックを契機に様々な解決策が模索されている。

では、ロンドンの強みは何であろうか。

ひとつはオープンであることだ。金融や投資環境などの経済面にかぎらず、街に暮らす人のマインドが非常にオープンである。つまり、世界から人を受け入れる包容力がある。これはコミュニティレベルでもそう感じた。オリンピック・パークはオーストラリア資本が多く入っている。たとえば、ウェストフィールド（Westfield）というショッピングセンターやパーク内の建設工事を請け負ったレンドリース社はオーストラリアの会社である。ユーロスターにもオーストラリア資本が入っている。

もうひとつの大きな特徴が、長い歴史と、それにより培われてきた文化である。これは、芸術、音楽、スポーツ、教育、街並み、景観、緑など幅広い分野に及ぶ。街という「箱」をつくっても、中身がなければ意味がなく、その中身がまさに「文化」だ。ブレア首相は「シビック・プライド」という言葉で強調したが、自らの地域を誇りに思い、愛着を醸成していくためには、その地域に「文化」が必要である。

英国の硬貨を合わせると紋章が完成

たとえば、英国の硬貨六つを合わせると、三匹のライオンをモチーフにした英国の紋章が現れる。機能性を重視したユーロのコインとは一線を画すこういった遊び心も英国の「文化」であろう。新たな街であるオリンピック・パークには、ロンドン中心部にあるヴィクトリア&アルバート博物館や世界的に有名なスミソニアン博物館などを誘致し、一大文化拠点にする構想がある。オリンピック・パークの関係者は、「これまでのまちづくりはEを重視してきた。たとえば、Economy（経済）、Employment（雇用）、Ecology（環境）だ。これに加え、今後はEducation（教育）をもっと重視していかなければならない」と解説し、いくつかの大学や教育機関を誘致する構想も話してくれた。

東京も江戸以来、四〇〇年以上の伝統と多様な文化がある。江戸は、水と共生し、緑溢れる街で、英国のガーデン・シティ構想のもとになったともいわれる。東京の歴史、文化の魅力は「粋」なことであろう。

また、東京には利用価値の高いコンテンツがたくさんある。案外知られていないことだが、日本は世界的に著名な建築家を数多く輩出している国である。建築家のノーベル賞ともいわれるプリツカー賞には、丹下健三氏、槇文彦氏、安藤忠雄氏をはじめ、二〇一〇年以降も妹島和世氏と西沢立衛氏、伊東豊雄氏、坂茂氏と日本人が続けて受賞している。新国立競技場をデザインした（二〇一五年七月に見直しが決定した）ザハ・ハディド氏も二〇〇四年に受賞した。

二〇一三年五月、東京の湯島に、国立近現代建築資料館が開館したが、東京や日本のどこかにもっと多くの建築の博物館があってもいいと思う。たとえば、東京の街全体を建築博物館に仕立ててもいいのではないか。その際は、東京オリンピックのメイン会場となる新国立競技場やその他の競技施設も、その建築博物館の展示物の一部となるかもしれない。

第二章

オリンピック後を見据えた会場整備戦略

第一章では、二〇一二年ロンドンオリンピックの歴史的意義とインパクトについて考えてきたが、第二章では、競技施設、インフラ整備、跡地開発などハード整備に重点を置き詳しく見ていきたい。専門的な解説が多くなるが、二〇二〇年に開催される東京オリンピックのハード整備を担う方々のヒントになればと思う。

二〇一二年ロンドンオリンピックとその会場

ロンドンは、一九〇八年と一九四八年の過去二回、オリンピックを開催しており、二〇一二年は三回目であった。

二〇一二年は英国にとってもうひとつ重要な出来事があった。エリザベス二世女王陛下の在位六〇周年の年で、「ダイヤモンド・ジュビリー」と呼ばれ、全英各地で祝賀記念イベントが開催された。英国人のなかには、ダイヤモンド・ジュビリーは一〇〇年に一度の大イベントだが、「オリンピックは一〇〇年に三回も開催される行事」と皮肉をいう人もいた。二〇一二年五月、英国女王陛下のダイヤモンド・ジュビリー祝賀行事に出席するため、天皇皇后両陛下が訪英された。私も大使館員としてホランド・パークにある京都庭園

エリザベス2世女王陛下が暮らすバッキンガム宮殿

のご散策に携わったが、両陛下に拝謁を賜わった際、右手と右足が同時に出てしまうほど緊張した。

ダイヤモンド・ジュビリーの関連行事も六月上旬に終わり、その直後からロンドンの街はオリンピックムード一色となった。ロンドンは夏でも寒い日がたまにあるが、オリンピック期間中は驚くほど晴れ、気温も上昇した。ロンドンオリンピックに対する英国民の評価は、地元英国チームの活躍もあり大成功だったというのが一般的な見方であろう。ところで、ある友人から、英国チームは座ってするスポーツが得意という話を聞いた。確かに、自転車、ボート、馬術などは得意種目である。

二〇一二年のロンドンオリンピックでは、テニスのアンディ・マレー選手が一〇〇年ぶりに金メダルを獲得したことが大きなニュースとなった。うちの近所の英国人はよほどうれしかったのか、その日の夕方は、近くの道路を（おそらく）勝手に通行止めにし、近隣住民とストリートパーティを開催していた。海外選手ばかり活躍し地元選手が活躍できないことを「ウィンブルドン現象」というが、アンディ・マレー選手はそのジンクスを打ち破り、翌年には七七年ぶりに全英オープンでも優勝した。

建設中のオリンピック・パーク（2012年1月）

ロンドンオリンピックの会場は、メイン・スタジアムなどの主たる施設を東ロンドンのオリンピック・パーク内に新たに建設した。オリンピック・パークは東ロンドンのストラトフォード地区の西に広がる合計二五〇ヘクタール（南北二・五キロ、東西一キロ）のエリアで、中央を南北にテムズ川の支流であるリー川が流れ、東西にはロンドンとパリを結ぶユーロスターが横断している。

すでに述べたが、この東ロンドンは英国の旧植民地からの移民や、最近では東欧諸国からの移民などマイノリティの住民も多く、ロンドンや英国全体のなかで最も貧困度の高いエリアである。古くからの工業地域で、工場や廃棄物置場などに利用されてきたため、土壌汚染が深刻で開発にはあまり向かない土地であった。この地域の再生は、ロンドンがオリンピック開催地として立候補する前から重要な課題であったものの、長年手つかずの状態が続いた。

ノース・グリニッジ・アリーナ（体操競技会場）

二〇〇五年にロンドンオリンピックが決まった際、英国政府とロンドン都は、このオリンピックを東ロンドンの地域再生の起爆剤にする方針を明確に打ち出した。オリンピック・パークの建設は、東京ドームの五〇倍以上もの広大なエリアの再開発を意味し、これほど大規模なプロジェクトは、英国で戦後最大規模となった。一方、オリンピック・パーク以外は、基本的に新しい施設をつくらず、既存施設を活用した。ウィンブルドンをテニス会場に、イングランドサッカーの聖地ともいわれるウェンブリー・スタジアムをサッカー会場に、グリニッジにあるノース・グリニッジ・アリーナを体操競技などの会場として利用した。そして、ロンドンには広大な王立公園がいくつもあり、市民の憩いの場やスポーツ・レクリエーションの場として、観光地としても人気が高いが、たとえば、ハイド・パークはトライアスロン会場に、グリニッジ・パークは馬術会場に、ブッシー・パークは自転車ロードレース会場などに利用された。

グリニッジ・パーク（馬術会場）

ロンドンオリンピックの会場整備は成功だったのか？

「ロンドンオリンピックの会場整備やインフラ整備は成功だったのか？」という質問をよく受ける。これに対する私の回答は、「今のところ、うまくいっている」である。なぜなら、メイン会場であるオリンピック・パークはオリンピック後に新たな街へと生まれ変わるべく、現在も工事が進行中で、最終的には二〇三〇年の完成をめざしているからだ。現在、改装工事を終えたものから順次再オープンしているさなかである。ロンドン赴任中の三年間を振り返っても、オリンピック開催中を除き、オリンピック・パークはつねに工事中だった。オリンピック開催に向けた二〇一二年夏までの期間を、施設・インフラ整備の第一期と捉えれば、非常にタイトな日程だったにもかかわらず、予算内で会場整備を終え、ひとまず「成功」だったと評価できる。

次によくある質問が「ロンドンオリンピック会場整備の成功要因は何か？」である。私自身それを探ろうと、報告書など関係資料を読み、現場を視察し、関係者から直接ヒアリングした。成功の要因はいくつかある。たとえば、ボランティアの参加や官民の連携などを理由としてあげることもできる。建設の専門家のなかには、最初の二年を計画期間に、次の三年を建設期間に、最後の一年をチェックにあてる「二年・三年・一年スケジュール」と呼ばれるスケジュール管理の徹底がうまくいったという指摘もあった。しかし、おそらく、一番多くの人々があげた成功の要因は、政府とロンドン都が共同で設立したオリンピック施設整備庁（ＯＤＡ）という組織の存在である。

ＯＤＡは、二〇一二年のロンドンオリンピックの競技施設と関連インフラ整備を行う一元的な主体として、国とロンドン都が共同で設立したものである。オリンピックというビッグイベントであれば、関係者も多くなり、関係者間の意見調整が難しくなる。関係者間に意見の違いがあることは仕方ないが、最終的にはやはり誰かが責任を持ち、決定しなければならない。

「船頭多くして船山を登る」ことができないわけでもないが、オリンピックについては、開催までの期間がかぎられている。また予算的な制約もあり、これらの条件をクリアしつつ会場整備を完了させるには、バラバラの組織の水平調整ではなく、一元的な組織によるリーダーシップが有効である。これこそロンドンが過去のオリンピックの事例を調べて得た結論だったかもしれない。二〇一六年のリオデジャネイロオリンピックでも関係者間の意見調整には苦労していると聞いた。二〇二〇年東京オリンピックの施設・インフラ整備においても、関係者による意思疎通の円滑化、調整、決定、実行が重要になるだろう。

建設中の選手村（2012年1月）

ＯＤＡには優秀な人材が数多く登用されたことも特徴である。オリンピックという国家プロジェクトに携われる貴重な機会ということで、官民を問わず、海外からも人材を幅広く集めることができた。たとえば、スポーツ関連団体に加え、シドニーオリンピックの会場整備を担ったオーストラリアの建設企業、世界的な建設コンサルタント、また、公共セクターからはロンドン都のまちづくり部局、王立公園庁、英国建築都市環境委員会（ＣＡＢＥ：Commission for Architecture and The Built Environment）と呼ばれる景観デザイン団体などからも人材が集まった。なかには、バリアフリーに関する専門家もいて、オリンピック・パークや競技施設に関するバリアフリー基準の策定に力を発揮した。

日本でも、二〇一五年一〇月にスポーツ庁が設置される。スポーツ行政を一元的に担い、二〇二〇年の東京オリンピックに向けた選手強化やスポーツを通じた地域振興、国際交流に取り組むとされており、今後大いに期待される。

三つのキーワード（レガシー、サステナビリティ、インクルージョン）

繰り返しになるが、ロンドンオリンピックの施設・インフラ整備を担当したのは、オリンピック施設整備庁（ODA）である。補足すれば、同庁は二〇〇六年三月の「二〇〇六年ロンドンオリンピック大会法」により設立された独立行政法人で、開催までの六年間の予算総額、約八〇億ポンド（一兆五四四〇万円）により賄われた。これらはすべて公的資金だ。その思いきりのよさも英国らしい。オリンピック終了後すぐに解散し、残った跡地開発の業務はロンドン・レガシー開発公社（LLDC）に引き継がれた。ロンドン・レガシー開発公社とは、跡地開発を専門に行う法人としてロンドン都が設立した団体で、会長は設立団体の長であるロンドン都知事が務め、理事にはスポーツ、公共施設、不動産、都市計画、自治体などの関係者が任命されている。

このようにロンドンオリンピックの施設・インフラ整備については、オリンピックを境にそれぞれ別の法人が担当することになったが、事前に明確な方針を設定し、それを後継組織に引き継いでいるため、オリンピック前後において方針のブレがない。この方針を決定付ける重要なキーワードは、「レガシー」、「サステナビリティ」、「インクルージョン」の三つである（他にもいくつかキーワードがあるが私はこの三つだと思う）。この三つは、施設・インフラ整備にかぎるものではなく、二〇一二年のロンドンオリンピックそのものを象徴する概念である。

キーワード一：レガシー（遺産）

ロンドンオリンピックの代名詞ともいえるのが、この「レガシー（Legacy）」である。レガシーとは、辞書では「遺産」や「受け継がれるもの」という意味だ。具体的には、オリンピック後に何が残るか、何を残すべきかをソフトとハードの両面で重視していく考え方である。ロンドン・レガシー開発公社（ＬＬＤＣ）の組織名にも使用しており、ロンドンオリンピックがいかにレガシーを重視したかがうかがえる。

ハード面におけるレガシーとは、東ロンドンのストラトフォード駅周辺に新たなオリンピック・パークを整備し、貧困度の高いこのエリアを再生することである。そのため、レガシー行動計画を二〇〇八年に策定し、オリンピック開催の二〇一二年をひとつの通過点と捉え、最終的には二〇三〇年を街の完成目標として整備を進めている。

ロンドンオリンピックの競技施設については、可能なかぎり既存施設の利用を前提とし、新規に建設する施設については、オリンピック後の利用方法とそのコストなどを十分に検討し、恒久施設とすべきか、仮設施設とすべきか、または中間的な施設（オリンピック後に改修によるサイズダウン、別の場所への移築、解体し部材をリサイクル）とすべきかを検討した。たとえば、オリンピック・パーク内の競技施設については、自転車競技場（Velodrome）、多目的アリーナ（Copper Box）、放送センターは恒久施設として、バスケットボール場（Basketball Arena）、ホッケー場（Riverbank Arena）、ウォーミングアップグラウンドは仮設施設として、オリンピック・スタジアム（Olympic Stadium）、水泳競技場（Aquatics Centre）は中間的施設として整備した。

オリンピック・スタジアムは、オリンピック時には八万人を収容可能なスタジアムとして整備し、オリンピック終了後に上部観客席の撤去などの改修工事を行い、収容規模を六万人に縮小した。二〇一五年に再オープンしたところで、同年秋にはラグビーワールドカップも開催され、二〇一六年以降はプロサッカーチームのウェストハム・ユナイテッドFCの本拠地となる。ウェストハムはイングランド・プレミアリーグで最近低迷が続いていたが、新

オリンピック後に改装中のオリンピック・スタジアム
（2014年4月）

しいスタジアムへ移転することを喜んでか、二〇一四―二〇一五年シーズンは大変好調であった（ウェストハムといえば、サッカー通にとってはケビン・ノーランであろう。ワールドクラスの選手ではないが、英国人には人気がある。得点を決めた後、鶏の真似をし、両腕をパタパタと羽ばたかせる「チキンダンス」を披露してくれる）。

　水泳競技場は、建築家のザハ・ハディド氏が設計した本体部分に、オリンピック時には翼の形の仮設スタンドを増設することで一万七五〇〇人の収容を可能とした。オリンピック終了後この翼部分は撤去され、収容人数を二五〇〇人に縮小した。二〇一四年春に再オープンし、普段は地域住民に開放されているが、国際的なスポーツイベントの開催も可能である。世界的な建築家がデザインした屋内温水プールを、低廉な料金で利用できる地元住民が本当にうらやましい。

オリンピック後に再オープンした水泳競技場
（2014年4月）

　選手村は、オリンピック時には延べ一万七〇〇〇人の選手、スタッフの宿泊場所だったが、オリンピック後に改装され、約二八〇〇戸の住宅として供給された。そのうち半分は低廉な家賃の公的な賃貸住宅である。

　ロンドンの人口は、現在の八六〇万人から二〇三〇年には一〇〇〇万人に達することが予想されるため、住宅の供給拡大は最大の課題である。実際に住戸内部を見学すると、随分さっぱりしていて、着工スピードや住宅供給量を重視している印象を受けた。オリンピック・パークとその隣接エリアでは、選手村跡地の約二八〇〇戸を含め、合計約一万一〇〇〇戸の住宅を供給する予定である。旧選手村は中高層のマンションタイプが主体だったため、それ以外のエリアでは戸建て住宅や低層マンションを中心に供給する。

商業施設としては、オリンピック前に、ウェストフィールドという欧州最大規模のショッピングセンターがストラトフォード駅前にオープンした。大規模なショッピングセンターは東ロンドンにはなかったため、オープン直後から大変賑わっている。オリンピック後には、駅に隣接するエリアにオフィスやホテルなどが集まる国際ビジネス地区（一〇ヘクタール）が整備される予定である。また、オリンピック・パークには大学や博物館などが誘致され、教育文化施設の充実を図っていく。

二〇一三年七月、英国政府とロンドン都によって、オリンピックの実績を総括する報告書（「Inspired by 2012」）がまとめられた。これによれば、オリンピックの経済効果は九九億ポンド（一兆九一〇七万円）で、オリンピック施設整備庁（ＯＤＡ）の支出のうち七五パーセントはレガシー関連分野に支出されたとしている。また、オリンピック・パークの整備とは別に、鉄道などを中心に交通インフラ投資を六五億ポンド（一兆二五四五万円）行っており、今後、ロンドンと英国の発展に大きく貢献すると期待されている。

キーワード二：サステナビリティ（持続可能性）

ロンドンオリンピックにおけるふたつ目の重要なキーワードは「サステナビリティ（Sustainability）」、持続可能性である。環境問題に対する世界的な関心の高まりを背景に、ロンドンオリンピックをかつてないほど環境に配慮した大会にしようとする取り組みである。

二〇〇七年に「持続可能な開発戦略（Sustainable Development Strategy）」が策定され、これにもとづき、汚染土壌の除染、緑地の創出、水辺の再生、生物多様性の確保、建築物の省エネ化、建設廃棄物のリサイクル推進などが実行された。

自転車競技場（天窓から外光を採り込む構造）

オリンピック・パークは古くからの工業地域であり、土地が金属や油に汚染されていたため、まず大規模な土壌の除染作業が必要であった。そのうえで、パーク全体二五〇ヘクタールのうち半分弱の一〇五ヘクタールを緑地とし、南北の二ヵ所には市民や観客のための公園を整備した。また、生物多様性のため、パーク内に野生動植物の生息域を設定し、施設の屋根や橋梁の橋桁などに巣箱や巣穴を七〇〇以上も設置した。

環境負荷の低減という観点では、オリンピック・パークから発生する二酸化炭素を五〇パーセント以上削減することを目標とし、風力やウッドチップによる発電など再生可能エネルギーの利用を促進している。

選手村の五〇棟以上の住宅は、省エネ住宅として建設され、三三パーセント以上の節水を実現した。ハンドボール会場に利用された多目的アリーナ（Copper Box）は外壁の表面にリサイクルの銅（Copper）を使用し、自転車競技場（Velodrome）は外部から自然光を採り入れる仕組みとなっている。仮設施設であるバスケットボール場（Basketball Arena）、ホッケー場（Riverbank Arena）はオリンピック後に解体され、撤去された鉄骨、ポリ塩化ビニル、座席などは別の場所で再利用された。

ハンドボール会場の多目的アリーナ
（外壁はリサイクルの銅）

建設工事では、建物の除却にともない発生した建設廃棄物の九八パーセントをリサイクルするとともに、建設資材には再生コンクリートなどリサイクル材を二〇パーセント以上使用した。

私は役所に入省して三年目のころ、建設資材のリサイクル推進に関する法律案の作成に従事したが、とくに印象に残っていることは、「廃棄物」と「資源」の違いは何かという議論である。たとえば、着なくなった服は一般には「廃棄物」であるが、古着屋にとっては「資源」である。見方を変えれば廃棄物は資源になる。建設関係者、廃棄物・リサイクル業者などの努力のおかげで、現在日本の建設廃棄物全体のリサイクル率は九六パーセント（二〇一二年）と、諸外国と比べ非常に高い水準となっている。英国のリサイクル率も伸びてはいるが八割程度で、これに比べればロンドンオリンピックの建設工事における九八パーセントというリサイクル率は驚異的である。

キーワード三：インクルージョン（一体性）

三つ目のキーワードは「インクルージョン（Inclusion）」である。インクルージョンとは、「包摂」、「一体性」といった意味で、障がい者であるか否か、社会的な立場、年齢、宗教、民族など様々な違いを乗り越え、社会的な一体感を高めていこうとする取り組みである。日本人にはあまり馴染みがないが、イメージ的には、バリアフリー、ユニバーサルデザイン（誰にとっても優しいデザイン）、そしてダイバーシティ（多様性）といった概念を足し合わせたものと考えるとわかりやすいかもしれない。

ハード面におけるインクルージョンは、まずパーク内および競技施設のバリアフリー化である。バリアフリーの基準などを定めた「設計基準（Inclusive Design Standards）」が策定され、これにもと

バスケットボール場
（五輪後は撤去され資材はリサイクル）

づき、パーク内の通路の傾斜をできるかぎり緩やかにした。また、障がい者や高齢者などがパーク内を移動する際に一定間隔で休憩できるよう、五〇メートルごとにベンチを設置した。さらに、競技施設内には車椅子用の観戦スペースや更衣室も設置し、障がい者のためのオーディオ設備の貸し出しも行った。

宗教上の配慮もロンドンオリンピックの特徴だ。たとえば、イスラム教徒の礼拝のために、メッカの方角に向かって、なるべく眺望が開けるよう建物の位置を工夫している。トイレについても、イスラム教徒にとってはメッカの方角に向かって用を足すことはタブーであるため、便器の配置に気を配った。

ヨーロッパ最大級の新しい公園の出現

ロンドンにあって東京に足りないもの、それは緑ではないか。

まずはデータで示そう。ロンドン都の二〇一二年の報告書によれば、都市で市民が利用できるグリーンスペースの割合は、ロンドン三九パーセント、ニューヨーク一四パーセント、パリ九パーセント、東京は三パーセントである。国土交通省の調査でも、ひとり当たりの公園面積を比較するとロンドン二七平方メートル、ニューヨーク一九平方メートル、パリ一二平方メートル、東京五平方メートルとなっている。この順位は森記念財団やＰｗＣが行っている世界都市ランキングとも一致している。

　面積では負けているが、日本の公園にあって、ロンドンの公園に足りないものもある。それはトイレである（日本の公園は防災上の役割があり、そのためトイレの設置が必須という事情もあろう）。ロンドンの公園は驚くほどトイレが少ない。これはテロや治安対策としてトイレを撤去・使用禁止にしたことが影響している。日本のある自治体職員がロンドンの公園のトイレの少なさに驚き、レポートにまとめたほどだ。しかし、公園にトイレがなくとも、ロンドンの街でトイレに困ることはあまりない。なぜなら、ビールを飲むパブのトイレは客でなくとも自由に使用できるからだ。カフェのトイレも同様である。

　また、日本の公園には、ブランコ、滑り台、砂場という「三種の神器」がある。日本の公園はどこも同じでつまらないという人もいるが、「三種の神器」は子どもたちにとって人気の遊具なのだから、それはそれで結構ではないか。それでは、英国における公園の「三種の神器」は何だろうか。それは、三つの空間、①活動空間（芝生広場、遊具）、②植物空間（花壇、バラ園、樹木）、③水辺空間（噴水、池、湖）である。スポーツや遊びの空間、自然、季節感を感じる空間、リラックスできる水辺空間。この「三種の空間」をうまく使い、融合させることで公園を素敵な場所にしている。

　ロンドンの公園は自然にできたものではなく、人がつくりあげた人工物である。古くは王室領地だったものを少しずつ一般市民に開放していった。一九世紀後半からヴィクトリア朝時代にかけては、労働者の生活環境の悪化と自然環境の破壊をくい止めるべく、労働者の健康増進や公衆衛生の向上を目的に次々と新しい公園を整備していった。第二次世界大戦でドイツ軍の爆撃を受け空き地となった場所も、戦後、公園に転用した。ただし、そのような一部の例外を除き、戦後は財政難や用地取得難により公園整備は難しくなり、維持管理の予算もなくなったため、公園には不良少年がたむろし、麻薬や性犯罪、強盗などの温床ともなった。ちょうど一九八〇年代のサッチャー首相の時代といわれる。その後、荒廃した公園を、地域コミュニティとの連携、維持管理の改善、子ども向け遊具の設置などによって徐々に復活させていった。

そして二〇一二年、ロンドンオリンピックを契機とし、東ロンドンに戦後最大の公園が完成する。これはヨーロッパでも戦後最大の公園整備プロジェクトとなった。

オリンピック・パーク内の公園は、南公園（South Park）と北公園（North Park）があり、このふたつは川沿いにつくられた遊歩道で結ばれている。どちらの公園も、「三種」の①活動空間（芝生広場、遊具）、②植物空間（花壇、バラ園、樹木）、③水辺空間（噴水、池、湖）をうまく融合させている。

南公園は、都会的でアクティブなイメージでデザインされている。オリンピック・スタジアムの隣に位置し、オリンピック後は近くに国際ビジネス地区も整備される。したがって、世界中の人々を受け入れるのにふさわしいよう、約一キロにわたり「ロンドン二〇一二ガーデン」と呼ばれる庭園が整備された。ヨーロッパ、アフリカ、アメリカ、アジア、オーストラリアなど世界各地の植物・樹木が植えられ、珍しい植物を探し世界中を旅した英国人のプラントハンターの成果や英国が世界に誇る園芸技術を紹介するものでもある。

オリンピック・スタジアムの北側には、当時のブラウン首相のアイデアで「グレートブリティッシュガーデン」が整備された。こちらは逆に、英国固有の植物や樹木が多く植えられた。植樹イベントも開催され、地域住民やロンドンの子どもたちが関与する機会を数多く提供した。

南公園（都会的なイメージでデザイン）

一方、北公園は、広い芝生広場と水辺空間を中心に、環境に優しいイメージでデザインされている。オリンピック開催中は一日二五万人という来場者の休憩場所として利用され、オリンピック後はオリンピック・パークに暮らす住民の憩いの場となる。

水辺空間として湿原、湿地、調整池、樹林帯などが設けられ、一年を通して野生植物が楽しめるメドウ（草地）もある。植物環境に合わせた土壌の選択が課題であったが、オリンピック・パークでは大きく六つの土壌が使い分けられた。たとえば、野生植物の花を楽しめるメドウではチョーク質土壌に近い低養分の土壌を使用し、芝生部分では水捌けのよい透水性の高い土壌を使用した。

北公園、南公園のいずれも、どのような植物を組み合わせて植えれば虫や鳥など生物多様性が豊かになるか検討を重ねた。また、メドウについては、多年草をベースに、一年草を組み合わせ、七月のオリンピック開幕式に合わせて開花するよう準備した。花は通常春から初夏にかけて開花するが、多年草については初春に植物の先端部分をカットすることで、また一年草については種子を冷凍保存し、生育を遅らせることで対応した。これらのプロジェクトには、英国シェフィールド大学や王立園芸協会（RHS：Royal Horticultural Society）が協力している。

北公園（環境に優しいイメージでデザイン）

オリンピック後、北公園に設置された遊具施設はとても素晴らしい。子どもが大好きな水遊びのための人工渓流と、ジャングルを思わせるようなアスレチック遊具が設置された。ロンドンの公園では、遊具の選定に当たって地元住民の意見を反映させる取り組みが進んでいる。日本でいえばパブリック・コメントやワークショップといった類だが、普段は行政に関心のない住民も、とりわけ遊具の選定については「あんなものが欲しい」「こんなものが欲しい」と大激論になる。公園のごみ箱やベンチについても議論が及ぶ。住民参加は、ロンドンの公園を素敵にしている理由のひとつだ。日本でも参考にしてみてはいかがだろうか。

水辺空間を再生せよ

「エジプトはナイルのたまもの」というが、ロンドンはテムズ川のたまものであろう。テムズ川は全長約三五〇キロ、風光明媚な田園地帯であるコッツウォルズを源とし、大学都市として有名なオックスフォードを経由、河口から約六〇キロ上流の地点でロンドンを通過し、最後は北海にそそぐ。

テムズ川の河口にあるサウスエンド＝オン＝シーの街では、英国版の潮干狩りともいわれる「オイスター・ピッキング（牡蠣拾い）」が楽しめる。干潮時には干潟の沖合に歩いていけば牡蠣がゴロゴロ転がっており、三〇分もあればバケツ一杯分の牡蠣が採れる。この牡蠣を家に持ち帰りバター焼きにして、スコットランドのアイラ島のシングルモルトウィスキーと合わせるとたまらなくうまい。これぞ英国の味、といったところだ（ただし、商業目的の牡蠣の採取は禁止されているため、あまり牡蠣を採りすぎると犯罪になるのでご注意を）。

サウスエンド＝オン＝シーで見られる潮汐、すなわち潮の干満現象は上流のロンドンでも見られる。大雨時と高潮が重なった場合には洪水が発生しやすくなり、事実、ロンドンでは過去に何度も洪水被害にあってきた。一九八二年にテムズバリアという可動堰が完成し、洪水リスクはいくらか低減したものの、テムズ川流域では二〇〇〇年代に入っても洪水被害は頻発している。二〇〇七年には五万五〇〇〇戸もの浸水被害が発生し、直近では二〇一三年末から二〇一四年にかけて、ここ二五〇年のなかで記録的な豪雨によってテムズ川中流域の町の多くが水没した。

オリンピック・パーク内のレインガーデン

オリンピック・パークの建設地エリアは、テムズ川とその支流であるリー川の合流ポイントで、昔から洪水の多かったところである。さらに今回のパークの整備や周辺の都市開発によってコンクリート面が多くなり、地面への雨水の浸透率が低くなれば、洪水のリスクが高まることとなる。そのため、パーク内において効果的な排水システムをサステナブルな形で構築する必要があった。具体的な対応としては、河道の拡幅と同時に、パークの北側にレインガーデンと呼ばれる湿原、湿地、調整池を整備した。レインガーデンはいわばスポンジの機能を有し、周辺で降った雨水をゆっくりと集め、微粒子を取り除いた後に、川に戻す構造となっている。これにより、一〇〇年に一回規模の大雨にも耐えられ、周辺地域五〇〇〇戸の住宅が洪水被害から守られる。

さらに、もうひとつの問題が、このエリアは工業地域でもあったため、そこを流れるリー川や運河は大変汚れており、川に近寄る周辺住民もいなかった。オリンピック・パークのリー川の再生に当たっては、平地から川辺までの傾斜を可能なかぎり緩やかにすることで川の景観に開放性を持たせ、川辺に沿って自転車も通れる遊歩道を設けた。これにより、リー川がパーク内の景観の一部としてうまく溶け込んだ。

ロンドンでは、「オール・ロンドン・グリーン・グリッド」と呼ばれる、緑と水のオープンスペースを広域的に活用する取り組みを進めている。既存の公園、緑地、湿地、水辺などをラインで繋ぎ、相互に連携させる計画だ。オリンピック・パークはこのグリーン・グリッド構想の南端に位置し、これまではなかなか整備が進められず、グリッドが途切れた部分であった。オリンピック・パークの公園整備と水辺空間の再生によって、ついに三〇キロにわたるグリーン・グリッドが完成することになる。

再生されたリー川

ハード整備を進めるに当たりオリンピック施設整備庁（ODA）は、生物多様性と野生動植物の生息地を確保するための基本方針として、「生物多様性行動計画（Biodiversity Action Plan）」をとりまとめた。

東京ドーム一〇個分に相当する面積の野生動植物の生息地の確保を目的として、まず他の植物の生育の妨げとなる外来種（イタドリ）の除去から始まった（イタドリは英語でジャパニーズ・ノットウィード［Japanese knotweed］と呼ばれる。一〇〇年以上前、日本から植物が輸入された際、一緒に紛れ込んだといわれ、日本ではイタドリの天敵となる虫がいるが英国にはいなかったため大いに繁殖した。イタドリの強い根はコンクリートも突き破り、最悪の場合建物を崩壊に至らしめる。そのため、英国では有名な有害外来種とされている。日本人としては不名誉な名称なので、できれば呼び名を変更してもらいたいが）。

また、工事に当たっては、一〇〇種類に及ぶ貴重な種子を採取・保存し、ブラックポプラなど、現場にあった貴重な樹木は他の場所に移植された。また、野生動物の生息地を確保するため、パーク内の樹林地や湿地、建物の屋根、橋の下などに巣箱や巣穴を設置した。

ロンドンのインフラは古く、下水道は約一五〇年前に整備されたものだが、雨水と汚水が分離されていない合流式下水道だ。降雨量が多い時には未処理水がそのままテムズ川に放流されるため、生態系への悪影響や悪臭などの問題が生じている。この問題解決のため、雨水と汚水を分離させる必要があるが、地下の掘り返し工事には莫大な費用と時間がかかる。また、大規模な地下貯留施設の建設は、下水道のキャパシティ不足の問題について根本的な解決にはならない。

そこで、現在、テムズ導水路（Thames Tideway Tunnel）と呼ばれる、テムズ川の西（上流）から東（下流）を繋ぎ、下水路の機能と大雨時には未処理水を貯留する機能を有する、直径七メートル、長さ二五キロの地下トンネルの建設が計画されている。総工費は約四二億ポンド（八一〇六億円）。二〇一六年の着工、二〇二三年の完成をめざしている。

このテムズ導水路は、ロンドンではオリンピック・パークとロンドンの東西を結ぶ高速鉄道であるクロスレイルの建設に続く、三つ目のビッグ・プロジェクトである。私が感じたロンドンの印象は、インフラ整備を含め、魅力的な都市づくりに余念がなく、それにより多くの投資家を呼び込み、さらなる経済活性化を図っている、まさに挑戦者の姿である。

東ロンドンを住みたい街に変える

ロンドンの住宅問題は今に始まったことではない。戦前から、労働者の生活環境を改善しようと緑に囲まれたガーデン・シティやガーデン・サバーブと呼ばれる住宅地を整備してきた。そのひとつ、ハムステッド・ガーデン・サバーブは、当時、労働者階級のためにつくられたが、今は中上流階級の人々が暮らしている。

ロンドンの住宅不足の問題についてはすでに述べたが、今後も人口は増えるため、供給を増やさなければ問題は深刻化するばかりで、価格上昇も止まらない。ロンドンの平均住宅購入価格は約四三万ポンド（八二九九万円）と高いが、賃貸住宅の家賃も高い。ファミリー向け二ベッドルームタイプ（二LDK）の家賃は、平均で月一五〇〇ポンド（二八万九五〇〇円）である。このような高い家賃を低額所得者が払えるのか疑問だが、英国には低額所得者向けの家賃補助制度と、自治体や住宅協会が提供する家賃の安い賃貸住宅がある。公的賃貸住宅の入居希望者は多いが空室は少ない。居住者のなかから希望者を募り地方の住宅に住み替えてもらう取り組みも進めているが、なかなか効果はあがっていない。

このような事情から、オリンピック・パークでは、選手村の跡地開発と、周辺エリアで新しい住宅開発を同時に推進し、今後一万戸以上の住宅供給を行う計画だ。しかし、一万戸という住宅の数以上に重要なことは、東ロンドンというエリアを人々が住みたくなる魅力ある場所に変えていくことである。そのために、教育や文化施設の充実や交通インフラの改善にも取り組んでいる。

選手村跡の住宅街（イーストビレッジ）

選手村は、二〇一三年に、約六〇〇〇人の住民が暮らすイーストビレッジ（East Village）に生まれ変わった。イーストビレッジには、一一の住宅区画に六七棟の建物がある。各区画には六〜八棟の建物が、中庭を取り囲む形で長方形に並び、供給される住宅の総数は約二八〇〇戸である。一六の建設企業が施工したため、外装は施工会社によって異なっている。一方、短期間の工期で完成させる必要があったため構造は共通化され、プレキャスト・クラッド、プレキャスト・フレームなどが採用された。約二八〇〇戸の住宅の間取りは「一ベッドルーム」、「二ベッドルーム」、「三ベッドルームまたは四ベッドルーム」となっており、それぞれ約一〇〇〇戸ずつ供給される。省エネ住宅（Code4レベル：二〇〇五年の建築基準比でCO_2をプラス五〇パーセント削減）となっており、三三パーセントの節水が可能な設備を備えている。

イーストビレッジの住宅の居室内部

選手村の建設は、当初、オーストラリアの建設企業であるレンドリース社を中心とする民間セクターに担当させ、オリンピック期間中だけロンドンオリンピック組織委員会（LOCOG）がリースし、終了後民間セクターにリースバックし、必要な改装工事を行ったうえで売却する予定だった。しかし、二〇〇八年の金融危機により民間での資金調達が難しくなったため、政府機関のオリンピック施設整備庁（ODA）が公的資金で自ら建設し、オリンピック終了後に民間セクターに売却する方針に変更した。

二〇〇九年、約二八〇〇戸の住宅のうち、半分は、アフォーダブル住宅（安価で手ごろな住宅）にするため、住宅協会などのコンソーシアムであるトライアスロン・ホームズ（Triathlon Homes）に二・六八億ポンド（五一七億円）で売却することを決定した。残り半分は、二〇一一年、民間のＱＤＤ（民間開発企業のQatari DiarとDelanceyのジョイントベンチャー）に五・五七億ポンド（一〇七五億円）で売却することが決定した。選手村の建設費は約一一億ポンド（二一二三億円）だったため、二・七五億ポンド（五三一億円）の売却損が発生したともいわれる。

アフォーダブル住宅と呼ばれる、家賃の安い住宅として供給された約一四〇〇戸の内訳は、シェアードオーナーシップ制度が約三五〇戸、中間家賃制度（ＩＭＲ：intermediate rent）が約三五〇戸、公営住宅が約七〇〇戸となっている。

シェアードオーナーシップ制度とは、持家と借家の中間的な制度で、居住者は住宅協会などの家主から住宅の持分の一定割合を最初に購入・取得し、入居後に未取得部分について家賃を支払っていく仕組みである。今回の例では、入居者の持分を二五〜八〇パーセントと設定しており、一番安い一ベッドルームを購入する場合、資産価値二七万ポンド（五二一万円）の二五パーセント（六万七五〇〇ポンド［一三〇二万七五〇〇円］）だけ住宅ローンを組んで持分を購入し、元利返済を行うとともに、月二八〇ポンド（五万四〇四〇円）程度の家賃を家主に支払う。

ＩＭＲとは、市場家賃と公営住宅家賃（市場家賃の約半分）の中間（intermediate）を採用する家賃制度で、今回の例では、一ベッドルームの賃料は、市場家賃より三〇パーセント安い月九〇〇ポンド（一七万三七〇〇円）程度である。二〇一三年八月現在、シェアードオーナーシップ制度とＩＭＲで供給される約七〇〇戸に対し約八〇〇〇人の応募があった。人気の高さがうかがえる。

市場の約半分の家賃で入居できる約七〇〇戸の公営住宅には希望者が殺到しているため、管理者であるニューアム・ロンドン特別区は、看護師、介護士、学校教師などキーワーカーと呼ばれる職業の人々に優先的に割り当てる方針である。

民間ディベロッパーが供給する残り約一四〇〇戸の住宅は、分譲住宅とすることも、賃貸住宅とすることも可能であるが、当面、賃貸住宅とする予定である。

イーストビレッジでは公営住宅に住む低所得者と、民間賃貸住宅に住む中高所得者のソーシャルミックスを図るため、室内設備や内装はタイプによって異なるものの、外観上は公営住宅か民間賃貸住宅か判別できない工夫が施されている。

イーストビレッジにおける住宅供給とは別に、オリンピック・パークとその周辺に新しい住宅エリアを五つ整備し、二〇三〇年までに計約八〇〇〇戸の住宅が供給される。

選手村の管理棟は学校に改装

そのひとつ、イーストビレッジに隣接するチョバム・マナー地区は、仮設のバスケットボール場(Basketball Arena)があった場所で、この地区では戸建住宅を中心に約八〇〇戸の住宅が建設され、二〇一五年から入居が始まった。

住宅政策については人口が急増するロンドンと、人口減少を迎える日本や東京では事情が異なる。今後日本では、空き家を増やさないための中古住宅の流通、リフォーム市場の活性化、空き家の利活用などが今まで以上に求められるだろう。その際には、英国で普及しているホームインスペクション(住宅診断)、住宅履歴書、住宅保証など、参考とすべき要素も多いのではないか。また、英国では当たり前のように行われている、古くからの街並みや景観を維持し、地域の価値を高めていく取り組みも重要である。

「自転車革命」ってなんだ?

最新のロンドンのまちづくり、ロンドンオリンピックのレガシーを語るうえで「自転車革命」は外せない。二〇〇八年にロンドン都知事となったボリス・ジョンソン氏の看板政策ともいわれ、二〇一〇年に「自転車革命:Cycling revolution」というセンセーショナルなタイトルでその構想を発表した。交通混雑を緩和し、環境にも優しい自転車利用を積極的に進めていこうという政策だ。ジョンソン知事の言葉によれば、「自転車都市こそ文明都市(The cycle-ised city is the civilized city)」だという。「ボリスは自転車革命以外は何もやっていない」と批判的な人がいるほど、ボリスは「自転車革命」に賭けている。

交通手段のうち自転車を利用している人の割合を「自転車分担率」という。ロンドンではこの自転車分担率を二〇一〇年時点の二パーセントから、二〇一六年には五パーセントまで引き上げることを目標に掲げている。この目標、高いのか低いのか。自転車利用が進んでいるオランダのアムステルダムの自転車分担率は四〇パーセント、デンマークのコペンハーゲンは三五パーセントだ。日本の自転車分担率は低いと誤解している人も多いが、よく考えれば日本はママチャリ大国である。オランダ、デンマークなどの「超」自転車先進国には劣るが、ロンドン、パリ、ベルリン、マドリードなど他のヨーロッパ主要都市と比べた場合、日本の自転車分担率はかなり高い。大阪はなんと二五パーセント、東京も一五パーセントになる。したがって、「ロンドンがやったから東京でも……」とは一概にはいえないところだが、ロンドンの取り組みはヒントになる。

ロンドンの「自転車革命」の象徴は、レンタル自転車の導入だ。ロンドンはパリへの対抗意識が強く、すでにレンタル自転車システムが始まっていたパリに「負けてなるものか!」という気持ちで導入に踏みきった。

レンタル自転車は、都知事の名前を取り「ボリス・バイク」の愛称で親しまれている。ボリス・バイクは計一万台あり、ロンドン中心部一〇〇平方キロ（山の手線の内側の一・五倍に相当）をカバーし、およそ三〇〇〜五〇〇メートル間隔で七五〇ヵ所の貸し出しポイントがある。基本使用料は一日二ポンド（三八六円）で、三〇分以内であれば何回でも無料で使えるシステムだ。三〇分を超えると利用料として三〇分当たり二ポンドが別途加算される。

ロンドンオリンピックでは、このボリス・バイクが威力を発揮した。通常、ロンドン交通局によれば、ボリス・バイクの利用者は一日二万人程度であるが、オリンピック期間中は一日五万人が利用した日もあったという。月の合計で一〇〇万人が利用し、オリンピック期間中の交通混雑の緩和に大変役立ったといわれる。

ロンドンのレンタル自転車「ボリス・バイク」

しかし、個人的な感想として、オリンピック期間中にボリス・バイクが一気に増えた印象はなかった。ロンドン交通局がそういうのであれば、そうなのだろうが、オリンピックの観戦チケットには、もれなく地下鉄やバスなどロンドン市内の公共交通機関で使える共通一日乗車券がついてくるので、皆それを利用して移動していたような気もする。

オリンピック・パークは、オリンピック会場の自転車トラックとＢＭＸの施設の隣に、オリンピック後、新たにロードレース施設が追加されたため、欧州最大の自転車総合施設（VeloPark）となる。さらに、東ロンドンだけに自転車施設が集中するのはバランスを失するということで、南ロンドンのバージェス・パークという公園にもオリンピック・パークと同じBMX施設を整備した。このあたりの配慮がロンドンらしくて私は好きだ。

自転車競技場

自転車競技施設とともに自転車道の整備も進めている。「自転車スーパーハイウェイ（Cycle Superhighways）」と呼ばれる郊外と中心部を結ぶ自転車専用路線を一〇路線以上整備する予定である。

ロンドンで自転車利用者が増えている理由として、自転車スポーツ人気、健康志向の高まりなども指摘される。ちなみに、自転車通勤をしている友人の何人かに理由を尋ねたところ、その多くは「交通費がもったいないから」ということであった。英国は通勤手当が支給されないのだ。

ロンドンのバリアフリー事情

ロンドンオリンピックのバリアフリー対策はどうだったのか。オリンピックの開催に当たりいくつかの鉄道駅で段差の解消、エレベータの設置、点字ブロックの設置など、バリアフリーの工事を行った。四つの点において、東京オリンピックの参考となりそうなので、ここで少し紹介したい。

ひとつ目は、インターネットにおけるバリアフリー情報の提供である。ロンドンでは「インクルーシブ・ロンドン（Inclusive London）」というインターネットサイトを立ち上げ、障がい者、高齢者などが利用しやすいホテル、レストラン、トイレ、観光地、オリンピック競技施設、商業施設、公園、地下鉄など計三万五〇〇〇ヵ所について情報提供を行った。それぞれの施設がバリアフリー化されているか、障がい者が必要とする設備を備えているか、などについてのデータベースである。ロンドンオリンピック終盤の二〇一二年八月末時点で、一二〇〇万件の閲覧があったといわれている。

今は、多くの人が自宅でインターネットを利用し、スマートフォンを持ち歩く時代だ。外国の都市を訪れようとする人が何も調べずに来ることも珍しい。都市空間を全体的にシームレスな形でバリアフリー化することは重要だが、すべてを完全にバリアフリー化するには限界もある。そうであればこそ、バリアフリー化が不十分な点を含め積極的な情報提供を行うことによって、ロンドンを訪れる人に、あらかじめ対策や代替策を考えてもらう機会を提供しようという意図である。

ふたつ目は、宗教上の配慮である。オリンピック施設整備庁（ODA）は、バリアフリーについての具体的な基準として「インクルーシブデザイン基準（Inclusive Design Standards）」を策定した。そのなかでは、パーク内の通路の傾斜、競技施設内の通路幅、車椅子の観戦スペース、更衣室の設置などを定めているが、なかでも特徴的なのは「宗教施設」に関する項目があることだ。宗教行事は水を必要とする場合が多いことから、礼拝施設のなかで水を利用できるようにした。イスラム教徒に対する配慮では、メッカの方角への眺望をできるだけ確保すること、メッカの方角に正対する形で用を足すことがないようトイレの便器の位置を工夫するといった考え方を示している。

テムズ川南岸
（オリンピックを機に遊歩道のバリアフリー化を実施）

三つ目は、主要な観光地のバリアフリー化である。過去のオリンピックではアテネがアクロポリスを、北京が万里の長城をバリアフリー化している。ロンドンでもタワーブリッジ周辺のバリアフリー化を行った。東京はどうするだろうか。皆さんのアイデアが楽しみだ。

最後は、オリンピック・パーク内で使用した電動車椅子のオリンピック後の活用である。

英国ではショッピングセンターや中心市街地で電動車椅子などを貸し出し、高齢者や障がい者などがそれに乗って買い物を楽しめる「ショップモビリティ」のシステムが定着している。このシステムでは、高齢者などの買い物の利便性が確保されることに加え、商店主にとっては客が増えるため売上がアップし、自治体にとっても税収のアップという恩恵がある。

ロンドンオリンピックで使用した電動車椅子は、ロンドン内にあるショップモビリティの運営団体などに無償で譲与され、役立っている。日本でも、街の賑わい創出や歩いて買い物ができる空間づくりを進めていく必要があるが、このようなロンドンの取り組み事例も参考に効果的な対策を検討したいところだ。

ホワイトウォーターセンター

ロンドンでラフティングを楽しむ！

日本の国土の特徴は「急峻な地形」、「急流河川」といった用語で表現される。これらは国民の生命、財産を災害から守り、交通ネットワークを完成させるという国土の管理・整備においてはハンディキャップとなるが、その一方、日本各地の河川でラフティングを楽しむことができるという恩恵もある。

英国は、国内に高い山もなく、とくにロンドンが位置する南東イングランドでは丘陵が続き、川の流れも穏やかなため、これまで本格的なラフティングを楽しむことは不可能であった。それがロンドンオリンピックによって変わった。ロンドンオリンピックのカヌースラローム会場だった場所で、週末、ラフティングを楽しめるようになったのだ。

ホワイトウォーターセンター（Lee Valley White Water Centre）と呼ばれる施設は、オリンピック・パークからリー川を三〇キロほど北上した場所にあり、三〇〇メートルのオリンピックコース、一六〇メートルの練習コースの二コースからなる。管理棟の建物は木造で、オリンピック施設の木材利用の例としてあげられることもある。私もよく知らなかったが、人工のカヌー施設というものは、大量の水を一気に汲み上げ、循環させる構造のため、ポンプなどの維持管理費や光熱費が高くなる。そのためアテネや北京でもオリンピック後の利用方法には相当頭を悩ませたという。では、ロンドンではどうしたか。

ホワイトウォーターセンター（子どもたちのカヌー練習）

ホワイトウォーターセンターを週末、ラフティング施設として市民に開放し、ひとり四五ポンド（八六八五円）という少し高めの料金を徴収することで施設の運営費用を賄っている。ラフティング施設はロンドン近郊にはないため、大変な盛況ぶりである。夏期の利用者は一日五〇〇人を超えることもあり、数ヵ月先まで予約が埋まっている状態だ。

一方、平日はカヌーの英国代表チームなどの練習場として、また地域住民や子ども向けのカヌー教室などにも利用されている。とくに注目に値するのは、練習コースを使ってレスキュー隊員が洪水時の水難救助訓練を行っていることである。実際にコースに車を沈め、救助訓練を行っている姿を見た時は驚いた。水流や水量がコントロールできるため、レスキュー隊のレベルに合わせ、安全かつ効果的な訓練を実施できる。そのため、英国各地からレスキュー隊が訓練のためにこの施設を訪れるのだ。

カヌーというスポーツ、ラフティングというレジャー、公共性が高い水難救助訓練、この三つに対応する素晴らしい複合施設なのである。これこそロンドンの「レガシー」の好事例であるといえる。

英国建設業の成功（オリンピック・パークは巨大なショーケース）

英国の建設産業、建設企業といえば、かつては評判があまりよくなかった。契約締結後の設計変更、工事費アップによる予算超過、工期延伸、損害賠償訴訟の提起などが頻発していた。

一方、他のヨーロッパの国々に目を移すと、世界で活躍する建設企業が多い。フランスのブイグ（Bouygues）、バンシ（Vinci）、ドイツのホッホティーフ（Hochtief）、スウェーデンのスカンスカ（Skanska）などである。残念ながら英国にそういった企業はない。

ロンドン郊外にあるイングランドサッカーの聖地、ウェンブリー・スタジアムは、ロンドンオリンピックでもサッカーの会場に利用されたが、二〇〇三年から行われたこのスタジアムの大規模改修工事は、英国の建設業界史に残る大きな汚点となった。スタジアムの完成は当初予定から一年以上も遅れ、予算も大幅に超過した。さらに、完成後、多額の損害賠償請求訴訟が提起されるという有様であった。

英国の建設産業はこのような惨状を呈していたが、ロンドンオリンピックの施設整備ではきわめて高いパフォーマンスを発揮し世界を驚かせた。

成功の要因には、①オリンピック施設整備庁（ODA）によるリーダーシップの発揮と官民の連携、②スケジュール管理の徹底があげられる。

オリンピック施設整備庁（ODA）には、施設やインフラ整備、都市開発について豊富な知識と経験を有する官民の人材を数多く登用した。最高顧問の議長を務めたジョン・アーミット卿は、技術者としてユーロトンネルの建設事業に携わり、英国の国鉄であるナショナルレイルの社長も務めた人物である。理事のニール・コールマン氏は、ロンドン都知事の特別政策顧問としてオリンピック決定前から東ロンドンの地域再生を推進してきた人物で、現在はロンドン・レガシー開発公社（LLDC）の副理事長である。実務トップの長官には、オーストラリアのレンドリース社（Lend Lease）出身で、かつて二〇〇〇年シドニーオリンピックの施設整備を取り仕切った経験を持つデービッド・ヒギンス卿が就任した。インフラ部長のサイモン・ライト氏は、世界的な建設コンサルタント会社、アラップ（Arup）の出身であった。ODAのスタッフは設立時はたったの三〇名であったが、工事最盛期には二〇〇名を超えた。

さらに、民間の建設企業、建設コンサルタントが、ODAの業務をサポートしていく体制も整えた。ODAをサポートする民間企業の連合体は「デリバリーパートナー（DP：Delivery Partner）」と呼ばれる。ODAが基本戦略の策定、政府関係機関との調整を行うのに対し、デリバリーパートナーは各施設の建設工事、セキュリティ対策など現場管理に特化した。ODAとデリバリーパートナーの間では、スケジュールどおりに整備が進めばデリバリーパートナーにボーナスが支給されるという特別な契約が結ばれ、実際にボーナスが支払われた。

成功のもうひとつの要因は、徹底したスケジュール管理である。まず、大まかなスケジュールとして「二年・三年・一年スケジュール」を設定し、最初の二年を計画に、次の三年を建設に、最後の一年をチェックにあてた。実際に個別施設で見ればこのスケジュールどおりではないものもあるが、関係者全員がスケジュール感を共有するには大きな効果があった。この大まかなスケジュールとともに、施設別に毎年の工期管理を徹底し、現在の進捗状況を横並びでチェックできるようにした。

ロンドンオリンピックの施設・インフラ整備は、オリンピック・パーク、競技施設、交通インフラの整備を含み、約一三〇億ポンド（二兆五〇九〇億円）という巨額な事業費を要する欧州最大の建設プロジェクトであった。さらに、二〇〇八年には世界金融危機の発生による資金調達環境の悪化という大きなハンディキャップがあったにもかかわらず、国家の威信もかかるビッグ・プロジェクトを工期内、予算内に完成させたことは、まさに天晴である。

当然、英国の建設産業、建設企業に対する海外の評判も高まった。これを絶好の機会とばかりにロンドンオリンピックの工事実績を積極的にPRしようと考えたが、オリンピックのスポンサー保護の観点などから、個別企業とオリンピックを関連付けた商業活動には一定の制約がある。そこで英国政府と英国オリンピック委員会（BOA：British Olympic Association）は、IOCと交渉し、「供給事業者認証制度（Supplier Recognition Scheme）」を認めさせることに成功した。この認証制度は、建設企業などオリンピック関連工事の受注者（下請けを含む）、サービス・物品の供給事業者に対し、申請にもとづいて認証を行い、認証を受けた企業が入札契約や国内外のプロモーションで自らのオリンピックの工事実績などをPRできるというものである。

二〇一四年五月の英国政府の発表によれば、英国企業はロンドンオリンピックに関する建設プロジェクトの実績が海外でも高く評価され、二〇一四年ブラジルFIFAワールドカップ、二〇一六年リオデジャネイロオリンピックでは総額一億三〇〇〇万ポンド（二五一億円）、二〇一四年ソチオリンピックでは六〇社以上の英国企業が契約を獲得したとしている。

東京オリンピックでも、日本の建設産業・建設企業の活躍をぜひ期待したい。そしてこれを契機に、日本の建設企業が海外に打って出るチャンスに繋がればと思う。

ザハ・ハディド氏の建築デザイン

ロンドンオリンピックと東京オリンピックというテーマを掲げる以上、建築家ザハ・ハディド氏について触れないわけにはいかない。ザハ・ハディド氏は、前述のとおり、ロンドンオリンピックのアクアティクスセンター（水泳競技場）と、（二〇一五年七月に建設計画の見直しが決定したが）東京オリンピックの新国立競技場をデザインした英国の女性建築家だ。

彼女の新国立競技場のデザインは決定当初より議論を呼んできた。これまでの日本の歴史でひとつの競技施設についてここまで議論になったことはないだろう。ザハ氏のデザインしたロンドンオリンピック水泳競技場の建設費が当初の想定より高くなり、その調整に苦労したことは、オリンピック整備庁（ODA）の元議長のジョン・アーミット卿も言及している。

オリンピック後に再オープンしたアクアティクスセンター
（地域の子どもたちが遊ぶ）

新国立競技場は様々な議論を生んだが、私は彼女の建築デザインが好きである。その魅力のひとつは、格好のよさだ。

ロンドンオリンピックのアクアティクスセンターは、オリンピックの開催時には本体部分に仮設スタンドが両側に取り付けられ、これがあたかもふたつの「翼」を持ち、鳥が大きく羽ばたいているかのように見えた。オリンピック後にこの「翼」は撤去され、本来の流線形のフォルムの本体が姿を現したが、それは華麗で優美なばかりか、周辺の風景ともマッチしていた。

ザハ氏デザインの学校（壁の斜行が印象的）

建物内部は、両サイドの大きな窓で外光を採り込み、非常に開放的だ。天井の波打つデザインも面白い。これを建設するのは大変だったと思うが、でき上がったものは素晴らしい。

そして、もうひとつの魅力は、彼女の建築デザインには大きな夢や可能性があることだ。

東ロンドンと同様に南ロンドンにも貧困地域がある。そこに彼女がデザインしたエヴリン・グレース・アカデミーという学校があり、一度訪問したことがある。この学校はスターリング賞という英国の有名な建築賞を受賞している。建物外観は壁が斜行し、また、狭い敷地を有効利用しようと、陸上トラックが建物の下をくぐる斬新なデザインとなっている。しかし、それよりも印象的だったのは、校長先生の「家庭環境に恵まれず将来の夢も乏しかった子どもたちが、ザハ氏の設計した学校で学ぶことで、自信とともに大きな希望を持てるようになった」という話である。そんな力がこの建物にあるのかと驚いた。東ロンドンでも、素晴らしいデザインのアクアティクスセンターの誕生は、地域住民のプライドに繋がっていくのだろう。

街は箱であり、その中身には文化が必要だ。ヴィクトリア朝時代のような、よりよい建築デザインや景観がなければシビック・プライド（地域への誇りや愛着）は生まれない。これは英国のブレア元首相の考えであり、彼こそが、疲弊した英国の街を再生に導いた人物である。

第三章

みんなのオリンピック ロンドン市民の参加

第三章では、ロンドン市民がオリンピックをどのように楽しみ、大会を盛り上げていったかを、私や家族の体験も参考に紹介してみたい。選手、大会関係者、観客でなくともオリンピックを楽しめる！ということを、皆さんに知ってもらえればと思う。

子どものオリンピックの楽しみ方

ロンドン赴任中の三年間、私の息子と娘はロンドンの公立小学校に通っていた。ロンドンの小学校では登下校に親の送迎が義務付けられているため、妻は毎朝子どもたちと一緒に学校へ行き、夕方には迎えに行っていた。少々負担ではあるが、毎日、先生や他の親たちと顔を合わせるのは教育的にもメリットがあった。

子どもたちにとっても、ロンドンオリンピックは特別な思い出として記憶に刻まれている。学校ではオリンピックに関係したスポーツイベントが何度か開催され、毎回盛り上がっていた。英国にはロンドンオリンピックの陸上七種競技で金メダルを獲ったジェシカ・エニス、五千メートルと一万メートルで金メダルを獲ったモハメド・ファラーらがおり、陸上競技の人気が高い。学校では陸上競技の種目を真似た、やり投げ（のような遊び）や、走り幅跳びなどの競技会をワイワイ楽しくやっていた。日本の運動会では万国旗を飾り付けるが、この学校では英国旗（ユニオンジャック）だけが連なっていた。学校のスポーツイベントは、オリンピックのローカルスポンサーである地元のロイズ銀行が協力し、商品がかなり豪華だった。息子はオリンピックのチケットを手に入れられなかったが、オリンピックのロゴの入ったバランスボールをもらい、しばらくの間、家でぴょんぴょん跳ねていた。

オリンピック後には、オリンピック選手の学校訪問というイベントがあった。息子のクラスには、英国のバレーボール選手や体操選手が来た。オリンピック選手から、子どもの時の体験やスポーツをすることの素晴らしさ、諦めないことの大切さ、オリンピックでの経験などの話をしてもらい、その後にみんなで一緒に運動したことを楽しそうに息子が話してくれた。英国では、その後、どの選手も忘れずに競技団体の募金活動をして帰っていく。

学校のオリンピック関連のスポーツイベント

「一校一国運動」というものをご存じだろうか。オリンピック開催地において各学校が応援する国を決め、その国の文化、歴史、言語を学び、選手やその国の子どもたちと交流を深めるプログラムである。一九九八年の長野冬季オリンピックから始まり、その後、他のスポーツイベントでも採り入れられるようになった。

ロンドンも同様で、たとえば、日本を応援することを決めた学校の生徒が日本の文化や歴史を勉強するため、大使館に訪問してくることがあった。また、アフリカ、ルワンダの選手団が、英国東部のベリー・セント・エドマンズという小さな町で合宿を行った際、その町の学校ではルワンダの文化や歴史などの授業が行われ、ルワンダの柔道や陸上選手が、生徒たちを直接指導する機会が設けられた。ルワンダの貧しい子どもたちにスポーツ用具を贈ろうと、地域住民による募金活動も行われた。

東京オリンピックでもこのような学校レベル、地域レベルの取り組みをどんどん進めていけばいいと思う。言葉は問題にならない。気持ちが重要である。

英国人のガーデニング好きは有名だが、ことあるごとに記念植樹をやりたがる。ロンドンオリンピックというビッグイベントを前にして英国人が植樹しないわけがない。家の近くの公園でも、街路でも、息子と娘の学校でもしっかりと記念植樹をしていた。余談だが、日本人にとって記念植樹といえば桜が代名詞だが、英国ではあまり好まれない。その理由のひとつに、桜はバラ科の植物で病気にあまり強くないことがある。また、英国で桜は、墓地に咲く花のイメージがあり、決して縁起のよいものではないためだ。「ロンドンだからお花見できないね」などと日本を懐かしがっている人には、墓地に行くことを薦めたい。

日本では「ゆるキャラ」ブームがしばらく続いているが、オリンピックを盛り上げるうえでマスコットキャラクターの存在は欠かせない。ロンドンオリンピックでは「ウェンロック」と「マンデビル」がその役割を果たした。「オリンピック・スタジアムの建設で残った鉄片からつくられた人形が虹の光を受け動き出した！」というロマンチックな設定であったが、正直『ゲゲゲの鬼太郎』の「目玉おやじ」にも見える。当初は不人気だったが、キモカワ（気持ち悪いが可愛い）ぶりが評価され、開幕が近づくにつれて人気が高まった。開幕直前にはロンドンの街に八三体ものウェンロックとマンデビルが出現した。像の横には「DO NOT CLIMB（昇るな）」と注意書きがあったが、そんなことを気にする人などおらず、子どもたちはその像に昇って次々に記念撮影をしていた。空気で膨らませたウェンロックとマンデビルもあり、子どもたちからキックとパンチの歓迎を受けていた。

子どもにはオリンピックのピンバッチも好評だった。一ポンド（一九三円）程度で買うこともできるが、いろいろなところで無料配布されていた。それも少しずつデザインが異なるところが面白い。私も仕事でロンドン都内の区役所を訪問する機会が多かったが、オリンピック後は必要なくなったのか、「どうぞ持っていって」という感じであった。

オリンピックピンバッチ

大人のオリンピックの楽しみ方

大人のオリンピック参加といえば、大会運営に直接関与、ボランティア参加、観客、ビジネスチャンスを狙う人と様々だ。

ロンドンオリンピックはボランティアによって成功した、ともいわれるほどボランティアの貢献が大きかった。十万人を超えるボランティアが大会に協力した。競技会場とその周辺には、七万人もの「ゲームメーカー（Game Maker）」と呼ばれるボランティアが配置され、大会運営に協力した。ロンドンの街なかでは、八〇〇〇人の「ロンドン大使（London Ambassador）」というボランティアのガイドが配置され、観客、観光客の案内役を務めた。

シェークスピア劇（カルチュラル・オリンピアード）

英国人はあまり陽気ではないが、ボランティアの人たちは「Welcome!」「Enjoy!」といった言葉を来場者にかけ、和やかな雰囲気をつくり出していた。ボランティアだけでなく、会場の警備をしていた警察官も、ご自慢？のとんがり帽子を子どもに貸し、一緒に記念写真に収まっていた。陽気で友好的なおもてなしを忘れないロンドンオリンピックのスタッフたちに感心した。東京も負けてはいられない。
開幕前の一番の盛り上がりは聖火リレーである。七〇日間にわたって全英各地一万三〇〇〇キロを回った。沿道には計一五〇〇万人もの観客が詰めかけたが、実はこれほど多くの観客が集まったのに

チャッツワースに登場した
ライオンのレプリカ（2012年5月）

は理由がある。聖火リレーのルートを設定するにあたり、徒歩に加え、電車やバスなどの公共交通機関でアクセスしやすい場所を選んだという。

聖火リレーは地方を巡回するため、英国のよさを世界に発信するチャンスということで、観光プロモーションにも力を入れた。英国北部の都市ヨークではオリンピック関連の観光サイトを立ち上げ、なかには二〇・一二パーセントの宿泊料割引を行うホテルもあった。

観光産業にかぎらず、オリンピックをもっとビジネスに活かそうという野心もあった。英国政府は自国企業の海外展開、海外からの直接投資を促進しようと、期間中に大規模なビジネスフォーラムを開催した。BBCのテレビドラマにも使われた歴史ある大邸宅をフォーラム会場として利用し、世界から四〇〇〇人のビジネスリーダーを招待した。フォーラムのオープニングには、キャメロン首相をはじめ英国政府の要人が参加し、チャールズ皇太子がレセプションのホスト役を務めるという力の入れようだった。

文化イベントも盛況であった。オリンピック憲章でも定められた「カルチュラル・オリンピアード（Cultural Olympiad）」と呼ばれる文化イベントが、二〇〇八年から四年もの長期間にわたり全英各地で開催されていた。私も、家族と一緒にシェークスピアのマクベスを観劇した。

英国中部にあるチャッツワースという古いカントリー・ハウスの庭には、巨大なライオンのレプリカが登場した。ライオンはイングランド王室の紋章に使われ、サッカーのイングランド代表チームは「スリーライオンズ」の愛称で親しまれている（しかし、このチャッツワースに登場した巨大ライオン、来場者からは「なんじゃこりゃ」といった感じで無視されていた。なぜか私の妻だけ感動し、写真を撮っていた。アートに感動するポイントは、人それぞれなのだろう）。

ブックメーカーによる2020年オリンピック開催地の賭け（「Tokyo」で的中）

ロンドンの街を歩くと必ず見かけるもののひとつに、「ブックメーカー（bookmaker）」という政府公認の賭け屋がある。ブックメーカーの存在なくして英国スポーツは語れない。競馬、サッカーなどスポーツの勝敗にかぎらず、世間の出来事をなんでも賭けにする。私も在任中、サッカーの賭けでお世話になっていた。チェルシーやマンチェスター・ユナイテッドといった強豪チームよりむしろ、リーグ下位の弱小チームの動向を新聞やテレビでよくチェックし、幅広く賭けると勝率がよい。

ブックメーカーは、当然ロンドンオリンピックについてもほとんどすべての競技を賭けの対象としていた。私は期待も込め、女子サッカー日本代表、なでしこジャパンの優勝に賭けたが、もう一歩のところでダメだった。世間の出来事を賭けにするブックメーカーは、二〇二〇年のオリンピック開催地の決定について、東京か、イスタンブールか、マドリードかで賭けを実施していた。私は東京に賭け、数千円のお小遣いを得た。ありがとう東京！

街全体でオリンピックムードを盛り上げる

ムードを盛り上げるため、ロンドンの街にはオリンピック関連のデコレーションやモニュメントが数多く登場した。

そもそも二〇一二年の開催地は、ロンドンがパリとの熾烈な招致争いを制した結果であった。ロンドンに住むフランス人は三〇万人とも四〇万人ともいわれる。これはフランスのボルドーやストラスブールの人口よりも多く、ロンドンはフランス第六位の都市と冗談をいわれる。

英国にとって永遠のライバル、フランス。そのフランスのナポレオンが艦隊を率いて英国に攻めてきたことがある。一八〇五年トラファルガーの海戦である。当時のフランス陸軍は最強と謳われ、もし上陸されれば英国に勝ち目はないといわれていた。その時、相手に比べ数も少ない英国海軍を率い、捨て身の戦法で自らの命を引き換えにフランス・スペイン連合艦隊を打ち破った人物こそ、ネルソン提督である。その英国最大のヒーローの業績をたたえ、ロンドンの中心部にはトラファルガー広場があり、高さ四六メートルの大理石の塔の上に五メートルのネルソン提督の像が立っている。今でも大陸からの侵略に対し、ひとり高い場所から睨みをきかせている。

そのトラファルガーの海戦からちょうど二〇〇年後の二〇〇五年七月六日、トラファルガー広場に大勢の英国人が集まった。オリンピック開催地の発表の日である。ロンドンという名前が読み上げられると同時に大歓声があがる。二〇〇年前と同じくフランスに勝ったのである。

二〇一一年三月、開催まで五〇〇日を切り、トラファルガー広場には、オリンピックまでのカウントダウン時計が設置された。スポンサーであるオメガのデジタル時計だったが、高級時計にもかかわらず途中で故障したことが英国では話題となった。オリンピック期間中、地上五〇メートルのネルソン提督の像の頭には、英国旗ユニオンジャックの柄の帽子がかぶせられ、聖火リレーのトーチが飾られるというサプライズ演出もあった。

開幕まで一年となった二〇一一年七月、グリニッジ天文台でも同じくオメガのカウントダウン時計が設置された（こちらの時計は故障しなかった）。グリニッジの子午線、つまり地球の東西にまたがり写真撮影ができるスポットとあって人気を博した。私も長蛇の列に並んだ末、貴重な記念写真を撮ることができた。

二〇一二年四月一八日、開幕まで一〇〇日となり、ロンドンの世界遺産、キューガーデンには幅五〇メートルの巨大な五輪マークの花壇が登場した。花二万本を使ってつくられた花壇は、ロンドン・ヒースロー空港に着陸する飛行機からも眺められ、空からロンドンを訪れる選手や観客を地上から歓迎した（キューガーデンで働く友人に聞くと、五輪マークの使用手続きには少し手間がかかったそうだ）。電車でロンドン入りする人のためには、ユーロスターのロンドン側の終着駅であるセント・パンクラス駅に巨大な五輪モニュメントがお目見えした。

セント・パンクラス駅の五輪マーク（2012年1月）

いよいよ開幕まで残り一ヵ月となった二〇一二年六月、ロンドン中心部のショッピング街であるリージェント・ストリートには、オリンピックに参加する二〇六の国と地域の万国旗が長さ約三キロにわたって掲げられた。

街のデコレーションの最後は、オリンピックレーンの設置である。オリンピックレーンは、選手などの関係者や政府要人がスムーズに移動できるよう、競技会場、選手村、空港などを結ぶ道路に設置される専用車線である。ロンドンでは一七五キロのオリンピックレーンが設置された。ルートはあらかじめ公表されていたが、標識の設置、路面の標示、バリケードの設置など、具体的な作業は七月上旬ごろから一気に行われ、たった数日間で完成させてしまった。英国人が本気になるとすごい。

オリンピッククレーンはスムーズな車の移動という本来の目的以外に、視覚的には、街のなかに「London2012」というロゴを溢れさせ、街全体を一気にオリンピックムードにし、人々の気持ちを高揚させた。東京オリンピックでもオリンピッククレーンの設置を検討しているようだが、そんな視点にも留意してみてはどうだろうか。

フクシマ・ガーデン開園（ロンドンからのプレゼント）

「二〇二〇年の東京オリンピックでは日本の〇〇をPRしよう！」という話をよく聞くが、考えてみれば、他の国や地域もオリンピックの機会を利用して、何かをPRしたいと思うのは当然だろう。その際、ホストシティ東京、ホスト国日本として、相手の希望や事情を汲み取り、どのように温かく対応できるだろうか。そのことについて、ロンドンオリンピックの際に東日本大震災の被災地福島がロンドンから受けた愛情を例に考えてみたい。

オリンピック開幕を直前に控えた二〇一二年七月二四日、ロンドン中心部の公園に「フクシマ・ガーデン」が誕生した。フクシマ・ガーデンは、二〇一一年三月の東日本大震災の記憶や、その際の日英の友好関係を将来に引き継いでいこうと、ロンドン都のケンジントン&チェルシー王立区が区内のホランド・パークに整備した日本庭園である。

ケンジントン&チェルシー王立区には、サッカーチームのチェルシー、英国王室のケンジントン宮殿、デパートのハロッズ（Harrods）などがある。ホランド・パークは、映画「ノッティングヒルの恋人」でヒュー・グラントとジュリア・ロバーツが巡り会う閑静な住宅街ノッティングヒルとも隣接し、広さは二〇ヘクタール、ちょうど東京の日比谷公園ほどの広さである。

フクシマ・ガーデンがつくられたきっかけは、世界中から注目の集まるロンドンオリンピックを使い、福島から世界に「ありがとう」と感謝の気持ちを伝えたい、そして福島の現状や復興状況についてもっとよく知ってもらいたい、という福島の人々の強い気持ちからであった。いくつかの団体と相談したところ、ケンジントン&チェルシー王立区が協力してくれることとなった。実は英国北部の自治体なども協力に前向きな意向を示してくれたのだが、ロンドンの中心部ということで、ケンジントン&チェルシー王立区に決定した。

整備中のフクシマ・ガーデン（2012年6月）

当初は、公園でちょっとしたイベントでも開催できれば、という感じで考えていたが、逆に、区の方から「きちんと後世に残るものをつくりたい」という意向があり、京都の庭師、北山安夫氏の尽力を得て、ホランド・パークに日本庭園を整備することとなった。

「整備することとなった」と簡単に書いたが、これを決めたのは二〇一二年六月中旬で、日程的に、オリンピック開幕に間に合わせるには大変厳しい状況だった。しかし、なんと一ヵ月で、デザインから予算の確保、石、土など、資材の調達、庭師の手配、庭工事まで仕上げてしまった。ある日、ケンジントン&チェルシー王立区の公園部長と北山氏に呼ばれ、ホランド・パークに行ってみると、日本庭園が完成していた。

フクシマ・ガーデンで苦労したことのひとつは、ネモトシャクナゲの入手だった。シャクナゲはヨーロッパにもたくさんあるが、福島県の花であるネモトシャクナゲは、英国には一本もなかった。日本から輸入するには検疫手続きなどで一年以上かかる。ケンジントン&チェルシー王立区が調べたところ、ヨーロッパではオランダに四本だけ存在することが判明し、オランダから輸入することになった。

そうして、オリンピック開会式四日前の七月二四日の午後に、「フクシマ・ガーデン」の開園式が行われた。ちょうどこの日の午前中は、日本代表選手団のオリンピック・パーク内選手村への入村式があった。

フクシマ・ガーデンの開園式には、福島市出身で競泳女子二〇〇メートル個人メドレーの加藤和選手、会津若松市出身でボクシング男子フライ級の須佐勝明選手に参加していただき、日英の人々が応援メッセージを書いた「日の丸」が手渡された。七月三〇日のオリンピック本番を控え、本来であれば試合に向けて詰めの調整期間である。須佐選手は、試合前の減量中であった。それにもかかわらず、福島への強い想いを胸に駆けつけてくれたのだった。英国からは、ロンドン都副知事のヴィクトリア・ボーウィック氏や、ケンジントン&チェルシー王立区の要人が参加した。日本からは「福島復興大使」に選ばれた福島の中学生や高校生らが訪英し、英語で感謝のメッセージを読み上げた。

フクシマ・ガーデン開園式（2012年7月）

加藤選手、須佐選手を含む関係者によってフクシマ・ガーデンの開園を祝いテープカットが行われ、福島県の花であるネモトシャクナゲが植樹された。

こうして誕生したフクシマ・ガーデンは、日本と福島がロンドンからもらった大切なプレゼントである。二〇一五年に三周年を迎え、今後、さらなる拡張計画も予定されている。ロンドンオリンピックのレガシーのひとつとして、フクシマ・ガーデンを将来にきちんと受け継いでいく必要がある。また、二〇二〇年東京オリンピックの際には、他の国や地域から要望があれば、ホスト国の立場として同様の対応ができるようにしたい。

オリンピック観戦日記

市民のオリンピック参加の醍醐味は試合観戦と応援であろう。私もスポーツ観戦は好きだが、オリンピック会場は特別である。会場では観客同士の交流が盛んに行われ、応援するチームや選手は違えど和気あいあいとしている。会場の主役はもちろんアスリートたちだ。試合後は勝者だけでなく、敗者に対しても観客から惜しみない拍手が贈られる。ロンドンオリンピックを経験するまでまったく知らなかった空間と雰囲気がそこにあった。二〇二〇年にその空間が東京に来ると思うだけでワクワクゾクゾクする。

メキシコ滞在中に、二〇〇二年日韓FIFAワールドカップの北米予選を見に行ったことがある。場所はアステカ・スタジアムだ。一九六六年のメキシコシティオリンピックでは、釜本邦茂選手らの活躍でサッカー日本代表チームが銅メダルを獲得し、一九八六年メキシコFIFAワールドカップでは、マラドーナが準決勝のイングランド戦で「神の手」や「五人抜き」を披露し、アルゼンチンを優勝に導いたスタジアムとしても有名である。

二〇〇一年の秋に私が観戦した試合は、メキシコ対ホンジュラス戦で、勝ったチームが本大会に出場できる大一番であった。この大会、メキシコは予選全体を通して調子が悪く、ファンも不満がたまっていた。試合前からスタジアムは殺気立ち、もしメキシコ代表が負けるようなことになれば暴動に発展しかねない雰囲気であった（結果としてメキシコが勝ったため暴動は起きなかった）。

オリンピックはこの雰囲気とは違う、というより、正反対である。世界的なスポーツイベントということで、私は潜在的にアステカ・スタジアムの雰囲気を想像していたが、その真逆であった。よい表現が思いつかないが、アステカ・スタジアムの会場は敵、味方の間で殺気に満ち、ロンドンオリンピックの会場は観客の一体感で優しく包まれている感じだった。

メキシコのアステカ・スタジアム（2001年11月）

私は、女子サッカー、女子バレー、女子レスリング（五五キロ級）、男子フェンシング（フルーレ団体）を観戦することができた。驚くなかれ、これらはすべて日本人選手がメダルを獲得している。チケットは、開催一年前の抽選では三〇種類ほど申し込み、すべて外れたが、オリンピック開幕の数ヵ月前から再販売が開始され、インターネットを通じてチケットが入手できるようになった。オリンピック期間中は、毎夜二三時ごろから再販売のチケットがまとめてサイトにアップされたため、その時間帯になるとパソコンの前で待ち構えた。どの競技も実際に観戦してよかったとつくづく思う。少々お金と時間がかかっても、オリンピックの観戦は真に価値あるものである。

七月二八日　女子サッカー　予選リーグ第二戦　日本対スウェーデン

サッカー女子日本代表の予選リーグ第二戦のスウェーデン戦は、英国中部のコヴェントリーで行われた。コヴェントリーは第二次世界大戦中にドイツ軍の爆撃を受けた都市として有名で、同じく連合国軍の爆撃により被害を受けたドイツのドレスデンとは姉妹都市である。ロンドンから北に約一六〇キロ、高速道路を使い二時間弱で会場のスタジアム周辺に到着する。高速道路を下りてすぐのロータリーにはオリンピックの大きなモニュメントが設置され、やはりこの五輪マークを見ると「おお!」と胸が高鳴る。

スタジアムから一キロほど離れた空き地を臨時駐車場にしていたが、交差点など要所要所にボランティアが配置され、彼らの誘導により手際よく案内してもらえた。そこからスタジアムへは徒歩で向かうが、途中でも多くのボランティアが来場者を歓迎していた。

早速スタジアムのなかに入ろうとすると、バッグを持っている人は別の場所でセキュリティチェックを受けるよう指示される。チェックには三〇分かかったが、スタジアムに入ると、無料でフェイス・ペインティングをやってくれるというので、ならばと、息子も娘も日本の国旗をペイントしてもらった。と、いつの間にか勝手に息子が日本の新聞記者の取材に答えている。

試合は引き分け、残り一試合を残し、日本の決勝トーナメント進出が決定した。

試合後は選手たちの「出待ち」をした。わざわざ日本から応援に来た私の友人は、お目当ての選手にサインをもらってご満悦だった。会場を去る「なでしこ」を見送り、我々も家路についた。

コヴェントリー・スタジアム
（英国中部で唯一のオリンピック会場）

コヴェントリーはイングランド中部で唯一のロンドンオリンピックの会場となった。二〇二〇年東京オリンピックにおいては東京以外の開催都市の参考にもなるので、ここで少し紹介したい。

オリンピック後に同市がまとめた報告書によれば、開催されたサッカーの一二試合を観戦した一七万人のうち約八万八〇〇〇人はイングランド中部以外から訪れ、一万四〇〇〇人が市内に宿泊した。観客による直接支出額は四〇〇万ポンド、一〇〇社近くの地元企業もオリンピック関連の業務を受注し、スタジアム周辺でバリアフリー工事も実施されるなど、市全体としては五〇〇〇万ポンドの経済効果があったとしている。当然、開催都市として、地域や学校でのスポーツイベントなどにも注力し、三六〇ものオリンピック関連イベントを開催している。

ロンドンと同様、「コヴェントリー・アンバサダー」と呼ばれる三〇〇人のボランティアが活躍した。オリンピック後に、市がアンケートを実施したところ、九七パーセントがオリンピックのボランティア参加を「very good」または「exellent」と回答し、八三パーセントが「今回の経験から得るものがあった」と回答している。

八月一日　女子バレー　予選リーグ第三戦　日本対ドミニカ共和国

バレーボール女子日本代表は、ロンドンオリンピックでは二八年ぶりに銅メダルを獲得した。私は予選リーグ第三戦、ドミニカ共和国戦を息子と観戦することができた。バレーボール会場であったアールズ・コートは、ロンドン中心部の西方に位置し、一九四八年のオリンピックでも競技場として使用された歴史ある施設である。

ドミニカ共和国との試合は午前九時半からだったため、チケットについているロンドン交通一日乗車券を使い、八時ごろ地下鉄に乗り込んだ。普段なら通勤ラッシュの時間帯だが、オリンピック期間中の出勤自粛の効果だろうか、通勤客はまばらで休日のような車内であった。

会場への交通アクセス方法は、ロンドンオリンピックの専用サイトで簡単に検索できた。観客の九〇パーセントがこのサイトを利用したといわれる。ロンドン交通一日乗車券は、ボート競技のウィンザー、カヌースラロームの会場などがあるロンドン郊外にもこれでアクセスすることができ大変便利であった。

駅や競技会場周辺には、マゼンタ色の服を着たボランティアが配置され、観客を誘導していた。鉄道会社の職員三万人も、オリンピックのため事前研修を受けたといわれる。このような取り組みにより、ロンドンオリンピックの観客の八〇パーセントは、移動について「満足」したと回答している。

バレーボール会場（アールズ・コート）

話を戻そう。地下鉄のアールズ・コートという名の駅で降り、閑静な住宅街を通り会場へ向かう。会場であるアールズ・コートの外観はオリンピックのロゴマークでデコレーションされており、これを見ると自然と気持ちが盛り上がってくる。セキュリティチェックを受け、建物内部に入ると会場の天井の高さに驚いた。会場裏では、飲食、グッズ売り場はあったものの、後述するフェンシング会場のような子ども向けの体験スペースや競技用具の展示スペースなどがなかったのは残念だった。

試合は、苦戦する場面もあったがセットカウント三対〇でドミニカ共和国に快勝。試合後、再びロンドン交通一日乗車券を使って、地下鉄で家に帰った。

八月五日　男子団体フェンシング　準決勝　日本対ドイツ

フェンシングの会場となったエクセルは、建物内部に五つのアリーナがある巨大展示場で、卓球、レスリング、柔道、テコンドー、ボクシング、ウェイトリフティングなどの会場となった。オリンピック・パークから南に五キロほど行ったテムズ川に面する場所に位置し、東京の「ゆりかもめ」に似た、高架部分に小型の鉄道車両を自動走行させるドックランズ・ライト・レイルウェイで会場にアクセスする。このドックランズ・ライト・レイルウェイはオリンピックの輸送強化のため、路線の延伸工事などが行われた。地下鉄やバスと同じで、オリンピックのチケットに無料でついてくるロンドン交通一日乗車券で利用できる。

子ども向けのフェンシング体験

フェンシング男子フルーレ団体準決勝のドイツ戦といえば、太田雄貴選手が残り一秒の奇跡で同点に追いつき、サドンデスに入った延長戦で三度のビデオ判定の末、見事に勝利した試合である。私と息子はバックスタンドで、ほとんど日本人も見当たらないなか、ふたりで大声を張り上げて応援した。勝利を決めた瞬間、選手たちが壇上に駆け上がり、太田選手と抱き合って喜びを爆発させていたのを覚えている。試合後、選手たちが我々の方に手を振ってくれたのがうれしかった。周りの観客たちからも祝福の言葉をかけられた。ただ、イタリア人からは、「日本は強いが、決勝ではイタリアに勝てないぞ」と笑いながらいわれ、実際そのとおりになったのは少しだけ悔しい。

この日本代表の奇跡の逆転劇とともに、息子の記憶に残っているのは、会場裏で行われていた子ども向けのフェンシング体験である。フェンシング体験といってもチャンバラごっこみたいなものであるが、子どもたちには大人気だった。息子も世界の子どもたちを相手に日本代表として闘った。フェンシングの歴史やルールを説明し、用具を展示しているスペースもあり、多くの来場者の関心をひいていた。私もひととおりルールを勉強して、会場に入った。

会場に入って一番驚いたのは、内部が真っ暗なことだった。暗闇のなかで選手がライトに照らされ、得点ボードが光っている。宇宙を題材にしたSF映画のようだ。息子は、「スターウォーズ、スターウォーズ」といって喜んでいた。最初から最後まで思い出いっぱ

フェンシング会場（スターウォーズを連想させる？）

いのフェンシング観戦だった。帰りは、オリンピック・パークがあるストラトフォード国際駅に行き、ジェベリンと呼ばれる日立の車両を用いたシャトル列車に乗って、ロンドン中心部に戻った。

八月六日　女子サッカー　準決勝　日本対フランス

女子サッカー準決勝はイングランドサッカーの聖地、ウェンブリー・スタジアムで行われた。

ウェンブリー・スタジアム
（男女サッカーの準決勝、決勝の会場）

このサッカーの聖地で日本代表チームが闘えること自体、非常に誇らしいことである。ウェンブリー・スタジアムは収容人数九万人、ロンドン北西部に位置する。二〇〇三年から八億ポンド（一五四四億円）もの巨額な費用をかけ、大規模な改修工事が行われた。ロンドンオリンピックのメイン・スタジアムとして利用する構想もあったが、中心部から離れているため断念したという経緯がある。スタジアムには電車で最寄り駅まで行き、駅からは五〇〇メートル続くオリンピックウェイと呼ばれる通りを歩いて到着する。

セキュリティチェックを受け、スタジアムのなかに入ると軍服姿の人がやたらと目についた。テロ警戒かと思ったら、観客として無料で招待されているようだった。ロンドンオリンピックでは、このような軍の関係者とともに、多くの子どもたちも無料で招待されており、よい取り組みだと思った。開始まで少し時間があったので、バックスタンドでホットドックを買って食べたら、やはりパンが冷たい。東京オリンピックでホットドックを提供する際はパンも温めてもらいたい。

さて、試合は日本が前半に一点を先制し、さらに後半早々追加点をあげ二対〇となった。しかし、安心するのも束の間フランスに一点を返され、その後もフランスの猛攻が続く。息子は隣の席にいた英国人とすっかり友達になり、一緒に日本の旗を振って応援していた。こういうところがオリンピックの素晴らしさである。日本はPKを与えてしまうが、みんなの願いが通じたのかフランスがゴールを外し、日本がそのまま守りきって勝利を収めた。試合終了のホイッスルとともに、息子はその友達と抱き合って喜びを爆発させていた。ロンドン在任中、何回かプレミアリーグのサッカー観戦に行ったが、やはり自国チームの試合は面白い。スタジアムで見るとハラハラドキドキ、心臓には決してよくないが、その分、勝利した時の喜びは何倍にもなる。

帰りは、観客が一気にスタジアムの外に出るため大混雑となった。

女子サッカー準決勝

鉄道駅に人が集中しすぎているので、ボランティアは一生懸命にバス利用を薦めていた。私は指示どおりバスに乗り、快適に帰宅することができた。

八月九日　女子レスリング（五五キロ級）　決勝　吉田沙保里対トーニャ・バービーク（カナダ）

昼すぎにレスリング会場であるエクセルを訪れたが、エクセルでは家族専用の優先ゲートが設けられスムーズに入場できた。ここでも陽気なボランティアが和やかな雰囲気づくりに奮闘していた。なかに入ると日本人も多く、アニマル浜口氏もいて大変盛り上がっていた。私の隣に座ったイラン出身の女性から「日本はレスリングが強いですね」と声をかけられる。どうやら、かつて日本で暮らしたことがあるらしい。残念ながら予選で浜口選手は敗れてしまったが、吉田選手が決勝進出を決めた。

決勝までしばらく時間があったので、その時間を利用し、いったん会場を出て、テムズ川に新しくできたロープウェイ（エミレーツ・エア・ライン）に乗り、東ロンドンの景色を上空一〇〇メートルから楽しんだ。このロープウェイは単なる観光施設ではなく、テムズ川の渡し船としての役割がある。エクセルからテムズ川を南に渡れば

レスリング会場（エクセル内）

ノース・グリニッジ・アリーナがあり、ここは内村航平選手が個人総合で金メダルを獲った体操競技の会場だ。

夜の決勝戦で、吉田選手がカナダのバービーク選手に二対〇で勝利し、オリンピック三大会連続金メダルという偉業を達成した。開会式の旗手は金メダルを獲れないというジンクスまで打ち破った。吉田選手は、勝利の直後、父親を肩車し、日の丸をかざし会場を駆け巡った。一度でいいからオリンピックで「君が代」を聞いてみたいという私の勝手な希望も叶えられた。オリンピックの会場で聞く「君が代」はなんともいえない。家族と一緒に現場に立ち会えたことを本当に幸せに思う。吉田選手そして関係者の方々に感謝である。

もし私に少しでもお礼できることがあるとすれば、それは微力ながらも二〇二〇年の東京オリンピックに協力することなのかもしれない。今はそう思い、この本を書いている。

女子レスリング（吉田沙保里選手3連覇）

（余談）八月一二日　閉会式の日

オリンピックの閉会式が行われた八月一二日の午前中は、男子マラソンが開催された。私はロンドン中心部に行く用事があったが、かなりの混雑が予想されていたため、夕方から出かけることにした。

マラソンも終わり、残すは閉会式という状況で中心部は落ち着いたと思っていたが、ハイド・パークの近くでものすごい人だかりに遭遇した。ハイド・パークでは、オリンピック・スタジアムでの閉会式に合わせ、イギリスのロックバンド、ブラー（Blur）らが音楽ライブを行うということだった。

閉会式もＵＫミュージックを前面に押し出した演出だったが、同じ時間帯に別会場でライブを敢行するとは、ロンドンの音楽に対する情熱と、文化の多様性についてつくづく感心させられた。私は家に帰りテレビで閉会式を見たが、大人になったスパイス・ガールズ（Spice Girls）が印象的だった。

第四章

そして、二〇二〇年東京オリンピックへ

前章までに紹介したロンドンの取り組みも踏まえ、第四章では、東京が二〇二〇年のオリンピック開催を契機にどのようなまちづくりを進めていけばよいのか、私のアイデアを記述したい。

ロンドンオリンピックの失敗？

「出羽守《でわのかみ》」という言葉がある。出羽《でわ》と「では」をかけて、「アメリカでは」、「英国では」といった具合に何かと外国の例を引き合いに出し、日本を論じる人を揶揄する言葉である。「外国かぶれ」、「欧米かぶれ」ということだ。

「自分こそ出羽守《でわのかみ》だろ！」といわれそうだが、それは望むところだ。ある官僚ＯＢの先輩から、「昔の役人は本当によく欧米を学び、日本の政策に活かしていた。君が英国から帰国した際は、出羽守となって英国の知識を共有してほしい」といわれたが、三年間も貴重な経験を積ませてもらった感謝の気持ちもあって、今回このような本を書いている。

では、ロンドンの取り組みを二〇二〇年の東京にどう活かしていけばよいのか。

あまり堅苦しいことはいわず、よいところも、悪いところも率直に参考にすればよい。大変ありがたいことだが、英国政府やロンドン都は、ロンドンオリンピックで得た経験や知識を他国と共有することもレガシーのひとつと考えている。ビジネスチャンスへの色気も当然あるが、本当に懐が深い国だ。

ロンドンオリンピックにも小さな失敗はたくさんある。「国際放送センター／メインプレスセンター」は、当初民間が建設する予定だったが、リーマンショックの影響で急きょオリンピック施設整備庁（ODA）が建設することとなった。急な対応を迫られたため、建物のデザインはイマイチで、建設費用もかさみ、オリンピック後の利用方法も決まらなかった。施設の完成は、どうにかオリンピックまでに間に合ったが、期間中は記者たちが競技会場にPCを持ち込み、現場で記事を書き、その場で直接送信したため、プレスセンターは空席が目立ちブロードバンドもあまり活用されなかったという。

オリンピック・スタジアムもオリンピック後の利用方法の決定には時間を要し、法廷闘争まで経てどうにか決着した。ザハ・ハディド氏がデザインした水泳競技場（Aquatics Centre）は当初の予算を超過してしまった。選手村のエレベータの設置数や性能の問題から、もう少しで工事のやり直しが必要になるところだった。また、オリンピック・パーク内には、大規模な風力タービンを設置する計画だったが、風力タービンを設置すると立入禁止エリアが広くなりすぎて土地がうまく利用できなくなるため、計画を断念した。結果として再生可能エネルギーの利用目標は未達成である。オリンピックを契機に観光への波及効果を大いに期待したものの、観光客数は思ったより伸びず、オリンピック期間中はロンドン中心部の繁華街も閑古鳥が鳴いた。

ざっとこんな感じである。東京オリンピックの新国立競技場の建設計画やエンブレムの見直しについて悲観的になっている人には、少し安心してもらえたであろうか。「Everyone makes mistakes」（誰だって失敗はある）。失敗も成功も、すべてを受け入れて次に進めばよい。ロンドンオリンピックだけでなく、二〇〇八年の北京、二〇〇四年のアテネ、二〇〇〇年のシドニー、そしてもちろん二〇一六年のリオデジャネイロも参考にすべきだ。

五〇年前の東京オリンピック、二〇年前の長野冬季オリンピックから学ぶ

海外の事例だけでなく、一九六四年の東京オリンピックで何が起こったのかも理解する必要があるだろう。

前回の東京オリンピックは私が生まれる一〇年以上も前のことなので、文献や資料で出来事を調べることはできても、その時の高揚感や現場の臨場感まではわからない。地域レベル、家族レベルではいったいどうだったのか、当時を知る人々からぜひ話を聞いてみたい。スポーツ少年団、ママさんバレーの普及も東京オリンピックのレガシーだと聞いた。確かに私が小学生のころ、母親はよくママさんバレーに参加していた。そんなことがオリンピック・レガシーだったなんて、子どもにとっては知るよしもない。私にとって東京オリンピックのイメージは、TVアニメ『巨人の星』で、主人公の父親である星一徹が、日雇い労働者としてオリンピック施設のための突貫工事に日夜働いていた姿である。

前回の東京オリンピックによって、首都高速道路やオリンピック道路、新幹線、東京モノレールなど、交通のネットワーク整備が進んだことはよく知られている。また、国の内外から訪れる観客や観光客が快適さや便利さを実感できるよう、公園や街なかなど公共スペースの清掃・美化、緑化を行い、少しでも道がわかりやすくなるようにと道路の通称名（「内堀通り」、「外堀通り」、「新宿通り」）を設定した。そのあたりの心遣いについては、二〇二〇年の東京オリンピックでも参考とすべきであろう。

現在、二〇二〇年の東京オリンピックも見据え全国各地でＷｉＦｉの整備が進んでいるが、ハード面だけでなく、それらを使いどのような情報を発信するのか、ソフト面やコンテンツ対策も考えていく必要がある。ロンドンのプレスセンターの失敗を例とすれば、情報通信の技術革新は非常に速く、現在の対応は時代遅れとなる可能性がある。そのことも念頭に置きながら準備が必要だろう。

一九九四年の長野冬季オリンピックはどうだったか。

個人的には、地域参加、市民参加の面で見習うべき点が多いように思う。長野冬季オリンピックで始まった「一校一国運動」は、その後、他のオリンピック開催地でも採り入れられ、長野が先導的な役割を果たした。長野冬季オリンピックは、競技会場が分散していたため市街地のなかで表彰式を行ったが、これによって、競技会場に行けない住民も気軽にオリンピックに参加できることとなり街全体が盛り上がった。

先日、長野市を訪れた際、長野運動公園総合運動場プール（アクアウィング）、長野市若里多目的スポーツアリーナ（ビッグハット）、長野市真島総合スポーツアリーナ（ホワイトリンク）、長野市オリンピック記念アリーナ（エムウェーブ）など当時の競技会場を見て回ったが、現在の施設運営は民間に委託し、うまく活用されている印象を受けた。当時の選手村も今では約一〇〇〇戸規模の今井ニュータウンとなっているが、街は随分と落ち着いた雰囲気で、建物のデザインや街並み、景観もよく、周囲の田園風景にうまく溶け込んでいる。この街では、ロンドンの選手村跡地がめざそうとしている、様々な世代や職業の人が一緒に暮らす「ソーシャルミックス」が実現されている。

長野オリンピックスタジアム

そして何よりも、長野市の担当者の言葉を借りるが、「オリンピックをみんなでやり遂げたことは、アイデンティティの形成に繋がった。ひとりではできないことも、みんなでやればなんとかなることを学んだ」ということが、長野冬季オリンピックの最高のレガシーなのだと思う。

東京の強み、弱み

二〇二〇年の東京オリンピックについてはすでにいくつかの方針が打ち出されているが、今後その取り組みを深化させていくには、ロンドンオリンピックが、一九世紀後半のヴィクトリア女王の時代に遡って物事を考え、二〇三〇年をゴールとして計画を進めているように、一〇〇年以上のスパンで過去を振り返り、長期的な視点で将来を見据える必要がある。

また、その取り組みや問題解決の処方箋などは、日本国内だけではなく、アジアや世界と共有するグローバルな視点に立って考えていくべきだろう。そこで長期的かつグローバルな視点から、東京の強みと弱みを把握する必要が出てくる。

東京スカイツリー展望台から見た東京

では、東京の強みは何か。

まず、世界一のメガシティとして、経済、文化、情報、人口などが集積していることだ。一般的には、都市の規模が大きくなれば規模の経済などメリットが生じるが、一方でそれが余りにも過大になるとマイナスの要素がメリットを上回ってしまう。都市の肥大化、過度な過密化のマイナス要素には、スラム化、住宅不足、交通混雑、環境悪化、失業、水不足、エネルギー不足などの問題がある。東京はこういったマイナス要素に対処するため、これまで相当な努力を行ってきた。

一九六〇年（昭和三五年）当時、ニューヨークやロンドンの地下鉄の総延長は約四〇〇キロだったのに対し、東京の地下鉄はたったの四〇キロであった。それを二〇年で一五〇キロ整備し、地下鉄と私鉄との乗り入れも行い、鉄道沿線での住宅開発を進めてきた。また、戦後、東京はロンドンを参考にグリーンベルトを計画したが、急激な人口増加に対応するため昭和四〇年代にはグリーンベルト構想を諦め、その想定エリアでも開発を認めてきた。東京の台地は畑が中心で、水田が中心の関西と比べ農地の宅地転用が容易という背景もあった。

都市の生活や産業を支える貴重な水資源についても、昭和三〇年代まで東京の水源の多くは多摩川水系であったが、急激な需要の増加に対応するため利根川水系の水源開発を進め、その依存度を切り替えた。東京都水道局によると、現在、東京都の水源は、七八パーセントが利根川および荒川水系、一九パーセントが多摩川水系である。産業については、内陸部の繊維・軽工業から臨海部の石油・重工業産業へ、そして情報、金融サービス産業へと時代に応じ上手に変換を図ることで雇用を拡大してきた。

東京の治安は素晴らしい。酔っ払って公園で一晩寝られる都市など世界では珍しい。欧米には「ホワイト・フライト（白人の脱出）」という言葉がある。街の中心部の治安悪化などの理由から、白人たちが郊外に脱出する現象のことである。ロンドンでもホワイト・フライトが急増しているが、日本では見られない。東京でも新宿や渋谷が危険地帯となれば、人々はどんどん郊外に避難していくはずだ。幸い東京では中心部も安全で快適なため、むしろ都心回帰が進んでいる。

スポーツ観戦、居酒屋やバー、音楽、パチンコなどのギャンブルといったレジャーやアミューズメントに溢れていることも魅力である。安くて、うまいランチもある。これらを「文化」と総称するのであろう。日本の伝統文化の中心は京都であろうが、レジャーやアミューズメントなども含めれば文化の中心はやはり東京ではないか。東京の伝統文化も、江戸開府から計算して四〇〇年以上の歴史がある。東京だけが日本ではないが、世界が抱く日本のイメージは、東京を含む日本のイメージである。英国をイメージする際のロンドン、アメリカをイメージする際のニューヨーク、そしてフランスをイメージする際にパリを除外して考えられないように。だからこそ、日本を代表する東京には、もっともっと頑張ってもらいたい。

では、東京の弱みは何か。

急速に進む高齢化、国際化への対応の遅れ、災害に対する脆弱性、緑の不足ではないか。だからといって、高齢化の問題に対し単に高齢者施設を次々とつくることがよいとは思わない。東京の高齢者の足である電車を例にとれば、速達性（早く到着すること）、定時性（時間どおりに到着すること）に優れるものの、高齢者や障がい者への対策はまだまだ改善の余地がある。朝の通勤時間帯の満員電車では、優先席で人が寝ていて高齢者が立っている風景も見かける。妊婦が身に付けるマタニティマークのアイデアはとてもよいと思うが、同様にアイデアでもっとなんとかならないだろうか。たとえば、通常優先席は車両の隅に三席まとまって配置されているため、優先席近くに高齢者が来ても、三人のうち誰が席を譲るのか微妙な空気が流れ、気付かないふりをする人もいる。そこで提案だが、ドアの横の席をすべて優先席にしてはどうか。優先席を必要とする人がそれを探してわざわざ車内を移動することがなくなり、どのドアから乗っても一番近い場所に優先席がある。他の乗客は優先席を避け、なるべく車両の内側に詰めるようにする。これはひとつの例にすぎないが、いろいろアイデアを出し合って考えていけばよいと思う。

国際化については、長い間その立ち遅れが指摘されているが、そもそも日本が極東に位置する島国であるという地理的な環境から仕方のない面もある。現在、訪日外国人観光客の受け入れや対日直接投資の拡大、国際バカロレア認定校（世界共通の大学入試資格を持つ教育プログラム）といった取り組みを進めているが、これらの取り組みと合わせ、日本の若者や子どもたちのメンタル面での国際化や外国との直接交流を促せないかと思う。

その際のポイントは、地理的な環境に左右されない情報通信技術（ＩＣＴ：Information and Communication Technology）の利活用である。私の息子は、週末、ロンドンにいる友人とインターネットを使い英語で会話をしている。英語のレッスンもフィリピン人とインターネットで行っている。たとえば、子どもたちが国内外の旅行先でインターネットを使って学校の授業に参加できるようにならないだろうか。子どもたちが外国の学校の授業にインターネットで参加しても面白い。教育にかぎらず医療など様々な場面でＩＣＴを活用していけば、日本はもっともっと面白く、そして便利になるだろう。

Beyond 2020

二〇一五年七月、増大した総工費の問題に端を発し、新国立競技場の建設計画の見直しが決定された。図らずも、多くの日本人が東京オリンピックの施設整備について関心を抱く機会となった。

仕事で日本の地方を回っていると、元気のある地域というのは「よそ者、若者、バカ者」をうまく巻き込み地域全体で議論している。二〇二〇年の東京オリンピックについても、政治家、スポーツ関係者、マスコミ関係者、そして役人だけでなく、いろいろな人が自由に議論に参加すればよい。なかでもアスリートの意見は重視すべきであろう。主役は彼らだ。ロンドンで開催されたレセプションで、ザハ・ハディド氏の事務所の関係者がサッカー日本代表の選手に、旧国立競技場の使い勝手や新国立競技場への期待などをインタビューしている姿を見かけた。

その選手は、国立競技場はサッカー選手にとって特別な場所であること、また、国立はヘディングする際に照明が少し気になる、といったことを話していた。若者の意見にも耳を傾けるべきだ。将来は彼らのものだ。

最後に、私のアイデアを三つ披露したい。

ひとつ目は、オリンピックを機に水辺空間の再生を図り、内陸部の公園や緑地と繋げ、オープンスペースの創出とネットワーク化を行うことだ。

東京は水や緑との関係が希薄だ。都市としての魅力を喪失しているばかりか、災害へのリスクも高まっている。かつて東京はヴェネチアに負けない水の都だった。明治初期に訪日した多くの欧米人が驚嘆した、緑多きガーデン・シティであった。当時のような水や緑との良好な関係を、少しずつ取り戻していけないかと思う。学生のころ、お台場の海で泳いでいたら遊泳禁止だと注意されたことがあるが、最近五〇年ぶりに葛西臨海公園で江戸前海水浴の復活に向けた社会実験が始まったのは、歓迎すべき出来事だ。東京にも緑は残っている。公園や緑地に加え、(センシティブな問題であるが)神社仏閣などの緑を都市構造のなかに取り込むことや、都市内農地の役割の見直しについても検討を進めていくべきであろう。

世界を見ても、大都市において緑や水との関係を重視することは大きなトレンドである。シンガポールでは国土の三分の一を緑化しようとするガーデン・シティ構想があり、ニューヨークでは一〇〇万本の植樹プロジェクトがある。ニューヨークでは、民間資金も呼び込みつつオープンスペースの利活用を推進している。ロンドンでは、広域的な緑と水のネットワークをめざす「オール・ロンドン・グリーン・グリッド」の取り組みを進めている。ドイツでは、旧炭鉱地帯のエムシャー川周辺の広域エリアにおいて、緑の創出、河川の環境改善、産業遺産の保存を図るプロジェクトが進行中だ。

東京も負けていない。たとえば、二〇一五年五月にオープンした「品川シーズンテラス」は、下水処理施設の上部に人工地盤をつくり、超高層ビルと三・五ヘクタールの広大な公園を整備した。公園には芝生の広場や水辺空間が創出され、東京湾と武蔵野台地の生態系および自然環境との繋がりが配慮されている。官民連携による新しいアイデアで公的不動産の有効活用とインフラの更新を行い、東京のみならず今後の日本の政策の方向性として大いに参考になるものである。

また、東京でオープンスペースの再生とネットワーク化を図る際は、合わせてオープンデータ化の取り組みを進める必要がある。公園などの施設に関するハード面の情報やイベント、さらには生息する動植物の情報など、様々な情報をオープンデータとして民間に提

品川シーズンテラス

供し、彼らのアイデアを喚起し、ビジネスとして新たなサービスを提供してもらうのだ。

ニューヨークでは、公園や街路樹のデータなど様々な情報がオープンデータ化されている。ロンドンでは、オリンピックを機に地下鉄やバスの運行情報が公開され、次々に新しいアプリ開発が行われた。現在は、公共セクターがなんでも自分でつくる時代ではない。データをオープンにして、後は民間に任せるという発想が求められている。

ふたつ目のアイデアとして、オリンピックを機に、スポーツや運動を楽しめるまちづくりをもっと進めてみてはどうだろうか。

ロンドンの公園の屋外ジム（運動しやすい環境が整う）

これについても、新たな施設をつくるのではなく、まずは学校の運動場や体育館、公園、市民プールなど、公共施設を広域的に考えそれぞれの役割分担を考え直すのである。たとえば、近くに大きなグラウンドのある公園については、広場の一部を別の用途に特化させていくといったアプローチである。都市部に数が多いスポーツジムなど民間施設との連携も面白い。民間のスポーツジムのプールで、一年を通して子どもたちが水泳の授業を受けられるようになれば、部活動において効果的な筋力トレーニングも可能となる。

二〇一六年のリオデジャネイロオリンピックから、ゴルフが正式種目となった。東京オリンピックでも、埼玉でゴルフ競技が行われる。しかし、残念ながら日本のゴルフ人口は年々減少傾向にある。日本ではゴルフは大人のスポーツというイメージが強いが、英国では子どもや女性が気軽に楽しんでいる。私はゴルフを英国で始めたが、なぜもっと早く始めなかったのかと後悔している。日本でも子どものころから他のスポーツと同じようにゴルフを楽しめる環境があるといい。都市部の郊外にも河川敷をはじめゴルフ場はあるので、平日の空いている時間でゴルフの体験授業を行ってみてはどうだろうか。また、中山間地には都市部以上に多くのゴルフ場があるため、ゴルフというテーマでもっと若者や家族連れ、女性を呼び込むことができれば地域の活性化にも繋がるだろう。

最後の三つ目は、アイデアというより私の個人的な希望であるが、今回のオリンピックが、国土の七割を占める森林のことや、我々日本人と木とのつき合い方について考え直す機会になればと思う。

日本では戦後に植林されたスギ、ヒノキなどの人工林が成熟期を迎えつつあるが、それらの資源は十分に活用されているとはいい難い。ロンドンでは一六六六年のロンドン大火後に木造建築物を原則禁止し、石とコンクリートで街をつくってきたが、最近は環境に優しい木造建築物が増えている。驚くべきことに、直行集成板（CLT：Cross Laminated Timber）という新たな技術を用い、一〇階建ての木造マンションが建っている。ロンドンオリンピックでも、環境への配慮やデザイン性から、自転車競技施設（Velodrome）、カヌースラローム施設（Lee Valley White Water Centre）などで木材利用を推進した。

　歴史的に、そして世界的に見ても、日本人ほど木をうまく活用してきた民族は珍しいのではないだろうか。日本には世界最古の木造建築物である法隆寺もある。東京オリンピックの際にＣＬＴで関連施設をつくるという構想もあるようだが、それに加え、もっと驚くようなもの、たとえば、江戸城天守閣をＣＬＴ工法で復元し、観光の目玉にするというのも面白いのではないか。

新たな木材として期待が高まるCLT（直交集成板）

　以上のとおり、随分と好き勝手なことを書いてきたが、結局のところ、二〇二〇年東京オリンピックを開催するために、いろいろなことをみんなで議論し、一致団結して取り組み、それによって世代を超えたアイデンティティの形成に繋がっていけばよいと思っている。

　二〇二〇年七月二四日、東京オリンピックの開幕が待ち遠しい。

そして、その先の日本も楽しみだ。

巻末資料

【資料】…………

オリンピック・パーク整備年表

二〇〇五年	七月	ロンドンオリンピック開催決定
二〇〇六年	三月	オリンピック施設整備庁（ＯＤＡ）設立
二〇〇七年	四月	施設整備計画策定
	五月	建設着工
二〇〇八年	五〜七月	主要施設着工（五月：スタジアム、六月：選手村、七月：水泳競技場）
二〇一一年	三〜七月	主要施設完成（三月：スタジアム、七月：水泳競技場）
二〇一二年	一月	選手村完成。すべての施設をロンドンオリンピック・パラリンピック組織委員会（ＬＯＣＯＧ）に引き渡し
	四月	ロンドン・レガシー開発公社（ＬＬＤＣ）設立
	七〜八月	ロンドンオリンピック開催
	八〜九月	ロンドンパラリンピック開催
	九月	パークを閉鎖し、改装工事を開始。
二〇一三年	一月	ロンドン・レガシー開発公社がＯＤＡの業務を引き継ぐ

二〇一四年　七月　パーク北側再オープン
一二月　選手村跡住宅への入居開始
二〇一五年　三月　パーク南側（水泳競技場、展望台）再オープン
スタジアム再オープン
九〜一〇月　ラグビーワールドカップ開催
二〇一七年　世界陸上開催
二〇一八年　クロスレール（ロンドンの東西を横断する地下高速鉄道）開通
二〇三〇年　オリンピック・パーク最終完成

【資料】……………二

オリンピック・パーク内競技施設のオリンピック後の利用法

オリンピック・スタジアム The Stadium

オリンピック時：オリンピックおよびパラリンピックの開会式、閉会式、陸上競技を開催。収容人数約八万人。

オリンピック後：収容人数を約五・四万人に縮小。国際陸上連盟基準の陸トラック、芝生ピッチ、屋内トラックなどを設置。スポーツ、コンサート、アトラクションなどの会場として使用可能。二〇一五年ラグビーワールドカップ、二〇一七年陸上世界選手権を開催予定。二〇一六年からウェストハム・ユナイテッドFC（プロサッカーチーム）のホームスタジアム。

水泳競技場 London Aquatics Centre

オリンピック時：競泳などを開催。収容人数一万七五〇〇人。イラク出身の英建築家ザハ・ハディド氏によるデザイン。

オリンピック後：設置されていたふたつの「翼（wings）」（＝競技場の客席部分）は撤去され、

収容人数を二五〇〇人に縮小。ふたつの五〇メートルプールとダイビングプールを設置。二〇一四年三月に再オープン。

自転車競技場　Velodrome

オリンピック時：オリンピック・パラリンピックの自転車トラック競技を開催。
オリンピック後：屋内トラック（「ベロドローム」、二五〇メートルトラック、収容人数六〇〇〇人）、ロードレース（一・六キロ）、マウンテンバイク（八キロ）およびBMXの自転車競技場からなる総合自転車競技施設「リーバレー・ベロパーク」として活用。二〇一四年五月に再オープン。

ハンドボール会場　The Copper Box Arena

オリンピック時：オリンピックのハンドボール、パラリンピックのゴールボールを開催。収容人数七〇〇〇人。
オリンピック後：地域住民のスポーツ、プロバスケットボールの試合、文化・商業イベントなどに利用できる屋内総合施設として活用。ロンドンライオンズ（プロバスケットボールチーム）のホーム会場。二〇一三年七月に再オープン。

【資料】…………三

ロンドンオリンピック施設整備庁（ODA）議長の講演要旨＊

一 ロンドンオリンピックと関連組織

❖概要

オリンピック、パラリンピックは世界最大のスポーツイベント。オリンピックには二〇五の国と地域、五〇〇〇人のIOCなどオリンピック関係者、一万七八〇〇人の選手とチームスタッフが参加、二万二〇〇〇のメディアが報道、八〇〇万枚のチケットが販売。二週間後のパラリンピックは、一九四八年に英国で始まったもので、一四七の国と地域、一〇〇〇人のパラリンピック関係者、四〇〇〇人の選手とチームスタッフが参加、四〇〇〇のメディアが報道、二〇〇万枚のチケットが販売。ボランティアを含め一〇万人がロンドンオリンピックの運営に従事、世界で四〇億人がテレビ観戦。

❖関連組織

ロンドンオリンピック・パラリンピック組織委員会（LOCOG）はオリンピックを開催し、運営すべてに責任を持つ。オリンピック施設整備庁（ODA）は競技施設、インフラの建

＊ロンドンオリンピック開幕直前の2012年6月、当時オリンピック施設整備庁（ODA）の議長だったジョン・アーミット卿が、英国の建設技術者の団体（CIOB：Chartered Institute of Building）主催のセミナーで行った講演内容から。

設を担当。ＯＤＡが建設した劇場でＬＯＣＯＧがショーを開催するイメージ。ＬＯＣＯＧは民間企業で、経費はチケット販売やスポンサー収入で賄われ、予算は二〇億ポンド（三八六〇億円）。ＯＤＡは公的機関で、収入の八〇億ポンド（一兆五四四〇億円）は公的資金により賄われ、中央政府五〇億ポンド（九六五〇億円）、宝くじ基金二〇億ポンド（三八六〇億円）、ロンドン都一〇億ポンド（一九三〇億円）という拠出割合。

二　オリンピック・パークの建設

❖建設地

オリンピック・パークはストラトフォード駅周辺のニューアム・ロンドン特別区、ハックニー・ロンドン特別区など四つの自治体にまたがる約六〇〇エーカー（約二五〇ヘクタール）の土地。二〇〇五年にオリンピック開催が決まった際、ロンドン都知事であったケン・リビングストンはオリンピック開催を地域再生の絶好の機会だと考えた。パークは縦の南北に二・五キロ、横の東西に一キロ、中央をパリと結ぶユーロスターが横断し、東端にはストラトフォード駅があり交通の便がよい。パーク内をリー川と運河が流れる。

❖デリバリーパートナー

民間のデリバリーパートナー（ＤＰ）がＯＤＡの業務支援を担当。ＯＤＡは戦略的事項を決定し、入札・契約により建設工事の受注企業が決まった後は、細かな業務をＤＰに任せ、

DPは建設業者との調整、現場のセキュリティ管理を担当。DPは最盛期で約五五〇〜六〇〇人。ODAの発注・契約は、「NEC3」と呼ばれる標準契約書をベースとしたデザインビルド（設計施工一括発注）方式、ターゲットプライス契約が主体。

❖敷地整備、汚染土壌対策

オリンピック・パークの整備は二〇〇棟の住宅の除去から開始。五二の鉄塔を撤去し、二・六キロの電線を地下のトンネルに埋設。三億ポンド（五七九億円）の工事だが、ODAとして最初の工事を予定期間内、予算の範囲内に完成させ、ODAに対する政府の信頼を高めた。パーク内の土は産業汚染が激しく除染の必要があった。二〇〇トンの汚染土壌をパーク外に運搬し、除染し、再度持ち込む方法では、何百台ものダンプカーが周辺道路を往来し近隣にたいへん迷惑であった。そのためパーク内に五つの除染用プラントをつくり、そこで除染作業を行った。六〇人の専門家によって何度もテストが繰り返され、結果として汚染土壌の九〇パーセントはパーク内で除染・再利用され、残りの一〇パーセントはパーク外で埋立て処分された。

❖施設の整備方針

体操会場となったグリニッジ・アリーナなど、まずは既存施設の活用が前提。新しく施設を整備する場合でも、オリンピック後のレガシーを考え、恒久施設（Permanent）とすべきか、仮設施設（temporary）とすべきか、その中間とすべきか、三つの方法についてくわしく検証。新規建設するすべての施設について、設計の段階から「レガシーとは何か」を考えた。オリンピックが開催される六週間のためだけに八〇億ポンド（一兆五四四〇億円）もの予算は支出できない。

三　各競技施設の整備

❖オリンピック・スタジアム　The Stadium

オリンピックには八万人収容できるメイン・スタジアムが必要。ロンドンには九万人収容のウェンブリー・スタジアムがあったが、郊外に位置し、多くの観客や関係者を中心部から移動させるには、交通上、セキュリティ上の問題があった。このため、八万人収容のスタジアムを新たに建設することにしたが、問題はオリンピック後の引き取り手が見つからなかったこと。一方、オリンピック後も五万人の陸上競技施設を維持することはＩＯＣとの約束であった。そのためオリンピック・スタジアムは、恒久施設と仮設施設の中間的な施設として建設した。観客席の下層は地面に固定し、二・五万席を設置する。一方、上層のスタンド部分を撤去可能な構造にし、五・五万席を設置した。オリンピック後、上層のスタンド部分の一部を撤去予定。サッカーのウェストハム・ユナイテッドＦＣのホームスタジアムとして利用されることが決定した。

❖自転車競技会場 Velodrome

自転車競技は英国で年々人気が増加。ベロドロームは恒久施設として建設。隣にBMXの施設も整備され、オリンピック後にマウンテンバイクとロードレースの施設も加わる予定。ベロドロームはデザイン、設計、建築まですべてが成功。早い段階から、デザイン、建築、施設の運営管理、構造エンジニアからなる混成チームを結成した。デザインビルド（設計施工一括発注）方式による成功事例。デザインも素晴らしい。とくに、屋根の構造の工夫によって屋根の荷重を大幅に低減させ、柱・壁など下部構造の簡略化につながり、建設段階におけるCO_2削減にも大きく寄与。自然換気システムや自然光を採り入れるなど省エネにも十分配慮。想定外だったのはテレビ局が自然光を嫌うこと。ハイスピードカメラには人工制御された光源が必要で、やむをえず、オリンピック中は、暗幕をはり自然光をシャットアウトすることで人工の光に切り替えた。

❖水泳競技場 London Aquatics Centre

恒久施設と仮設施設の中間的な施設として建設。施設のコア部分は建築家ザハ・ハディド氏の設計で、彼女の設計では座席数が三〇〇〇席と当初の計画より少し大きかったため規模の縮小を依頼。世界的に著名な建築家との交渉はたいへんであった。このコア部分に、ふたつの翼、合計一万五〇〇〇席の仮設スタンドを付け足した。仮設スタンドの一番高い場所は、メイン・スタジアムより高い。ふたつの五〇メートルプールとひとつのダイビングプール。五〇メートルプールは床が上下に移動し、オリンピック後に子どもや障がい者が使用する場合は浅くなり、世界大会などを行うときは三メートルの深さに変化。五〇メートルプールが完成し計測したところ、二ミリの誤差が発見され急きょ誤差を調整した。二ミリの誤差であってもオリンピックでは重大な問題。屋根は非常に素晴らしい。二ヵ所のみで支えられた流線型の巨大な屋根（高さ一一メートル、長さ一〇〇メートル、三〇〇〇トン）の建設は、オリンピック関連の工事のなかで一番難しかった。さらに悪いことに敷地の下はトンネルで、基礎工事が難しく、時間・コストもかかった。屋根を地上でつくり、それを二〇〇ヵ所のジャックにつなぎクレーンで持ち上げた。合計三万二〇〇〇の板材から屋根は構成され、一つひとつすべてが違っていた。担当したドイツの会社は、ＣＡＤ（コンピューター支援設計）により、すべての板材に番号を付け、どのような形状で、どこに設置するかを決め、製造した。オリンピック後は、改装工事が行われ、両翼の仮設スタンドが取り外され、カーテンウォール構造の壁が設置される。

❖バスケットボール会場 Basketball Arena

バスケットボール・アリーナは座席数一万二〇〇〇席で、このような大きな体育館はオリンピック後の利用需要が見込めなかったため仮設施設として建設。鉄骨とＰＶＣ（ポリ塩化ビニル）を組み合わせたシンプルな構造だが、内部に空調施設もあり機能的な施設。大会後は、二〇一六年にオリンピックを開催するリオデジャネイロに売却する方向で調整中

（筆者注：結果として売却されず、座席を含め、英国内でリサイクルされた）。

❖ハンドボール会場 The Copper Box Arena

恒久施設として建設したが、ハンドボールは英国ではあまり人気がないため、オリンピック後は地域のスポーツセンターとして利用される。非常にフレキシブルな建物で、バドミントンやボクシングの会場としても利用可能。カパー・ボックス（「銅の箱」の意味）という名前のとおり、外装に銅が用いられ、六〇パーセントはリサイクルした銅を使用。室内の天井でスポットライトのように見えるのは大きなチューブで、外の自然光を採り込んでいる。テレビ局は自然光を嫌うため、オリンピック中は自然光をシャットアウトして人工の光に切り替える。下層の座席は移動式で、イベントに応じて、出したり引っ込めたりできる。座席は色とりどり（multi-colour-seating）で、多少の空席があっても活気ある雰囲気を演出する効果がある。また、視覚障がい者が自分の座席を探しやすいという効果もある。

❖カヌースラローム会場 Lee Valley White Water Centre

ロンドンの北東部、オリンピック・パーク内を流れるリー川から上流二〇マイルに建設。ロンドン近郊にはカヌー施設がなかったため恒久施設として建設。大会前にすでに施設が完成し、一般公開され、値段は高いがラフティングが楽しめ人気がある。人工コースで、ブロックを変更すれば簡単にコース変更が可能。水を汲み上げ循環させる構造のため、ポンプ維持費など管理コストが高い。

❖国際放送センター IBC／メインプレスセンター MPC

国際放送センター、プレスセンター、立体駐車場（一五〇〇台）の三つの建物からなる複合施設。いろいろ議論があったが結果的には恒久施設として建設。三億ポンド（五七九億円）の建設費。建物はフレキシブルで、ハイテク、フロアスペースも広く、幹線道路への接道もよい。

❖選手村

二八一八戸の住宅で、一一の住宅区画から構成。長方形で中央に中庭を配置。選手村の中央部にはメインとなる公園があり、人工の水辺空間も整備され、大会後は二〇〇〇本の成木が植えられる予定。一六の建築会社が参加したため外装は異なるが、構造は基本的に同じ。二年半という短期間で約三〇〇〇戸の住宅を確実に建設するため、プレキャスト・クラッドとプレキャスト・フレームを使用。建物は九階または一〇階で、間取りは約一〇〇〇戸が一ベッドルーム、約一〇〇〇戸が二ベッドルーム、約一〇〇〇戸が三ベッドルームまたは四ベッドルーム。当初、レンドリース社を中心とする民間セクターに建設させ、大会期間中だけLOCOGがリースし、終了後は、民間セクターが改装し売却する予定であった。しかし、二〇〇八年の金融危機により民間からの資金調達が難しくなったため、O

ＤＡが公的資金により自ら建設する方式に改めた。約三〇〇〇戸のうち、半分は住宅協会に売却されアフォーダブル住宅として供給され、残り半分も民間セクターに売却され大会後に賃貸または分譲物件となる。

四　関連インフラの整備

❖交通

オリンピックのため交通インフラは非常に重要。ＯＤＡは約五億ポンド（九六五億円）をロンドンの鉄道システムの改善に支出。ドックランズ・ライト・レイルウェイの車両の増編成とプラットホームの延長、ストラトフォード駅の改修、北ロンドン線の改良工事を実施。ロンドン～パリのユーロスターの路線を利用し、「オリンピック・ジャベリン（Olympic Javelin）」と呼ばれるシャトルサービスを一時間に一〇本運行する予定。観客の七〇パーセントは鉄道、三〇パーセントはバスで会場を訪れると試算。パーク内には障がい者用以外に駐車場はない。

❖リー川の再生

汚れていた川を再生し、遊歩道を整備し、地域の人が集まる場所に変わった。パーク内には三〇の橋があるが、観客を円滑に移動させるため大きくしている橋は、大会後に小さくする。

❖発電施設

オリンピック・パーク内の電力需要の二〇パーセント以上を再生可能エネルギーにするという目標は達成できなかった。経済合理性と計画規制の観点から、一〇〇メートルの風力発電タービンの設置計画を断念したことが影響している。

❖雇用と労働安全

オリンピック・パークの整備で一番重要なことは、期間内、予算内に整備を完了すること。また、雇用や労働者への配慮も重要。労働者への適正な賃金の支払いの徹底、直接雇用の促進を建設企業に促した。地元自治体の住民から雇用割合は（目標の一五パーセントを超える）二五パーセントとなり、従前失業者の雇用割合も目標の八パーセントを超え一三パーセントを達成した。建設企業にはアプレンティスシップ制度（徒弟式職業訓練制度）の促進を呼びかけた。労働安全については、死亡事故も発生せず、非常に満足な結果であった。

❖サステナビリティ

鉄道、運河を利用した船による建設資材の輸送は、目標の五〇パーセントを超える六五パーセントを達成。パーク内の建物解体時および新規建設時に発生する建設廃棄物は九〇パーセント以上をリサイクル。建設工事で使用される木材は、木材委員会（Timber Panel）を設置し、当該木材が環境に配慮された国・地域から輸入されたものかどうかを確認。五〇パーセントの飲料水の削減。建築物の省エネについては、二〇〇五年の建築基準に対して五〇パーセントのCO_2削減を達成。現在、英国で建設されている住宅の多くはCode 3であるが、選手村はそれより高いCode 4。再生コンクリートも積極的に利用している。

❖レガシー

二〇三〇年を目標にオリンピック・パークを整備。オリンピック後にバスケットボール会場（Basketball Arena）は撤去され、戸建住宅街となる。レガシーを中心にずっと物事を考えてきた。英国王立鑑定協会（RICS：Royal Institution of Chartered Surveyors）およびウェストミンスター大学の調査によれば、過去のオリンピックのなかで、レガシーを最も考慮した大会は、一番がロンドン、二番がバルセロナ、三番がシドニーと評価されている。

【資料】……四

二〇一二年ロンドンオリンピックの報告書

Inspired by 2012: The legacy from the London 2012 Olympic and Paralympic Games

（ロンドンオリンピックから一年後に英国政府およびロンドン都がまとめたもの）

概要（二〇一三年七月）

一　スポーツと健康

・スポーツエリートへの資金は、二〇一六年リオデジャネイロオリンピックに向けた四年間で、オリンピック関連七パーセント、パラリンピック関連で四五パーセント、全体で一三パーセント増加。

・この四年間で、世界選手権と欧州選手権三六回を含む七〇以上の世界レベルのスポーツイベントを英国内で開催し、二七〇〇万ポンド（五二億一一〇〇万円）が投資。

・二〇〇五年のオリンピック決定以降、週に一度運動する人は一四〇万人増加し、この四年間で一〇億ポンド（一九三〇億円）がユースおよび地域スポーツ文化に投資。

・二〇一三年九月から二年間で、年間一・五億ポンド（二八九億五〇〇〇万円）が小学校でのスポーツに投資。

・二〇ヵ国の一五〇〇万人が「インターナショナル・インスピレーション」に参加。

二　東ロンドン地域の再生

・過去一〇年間で東ロンドン地域の再生が加速。
・オリンピック・パーク内のすべての施設の利用法が、オリンピック終了後一年以内に決まった。
・クイーン・エリザベス・オリンピック・パークは、二〇一三年夏以降順次一般開放。
・プレスセンターは「i-City」となり、BTスポーツ、ラフバラ大学などが入居。
・オリンピックを契機に六五億ポンド（一兆二五四五億円）が交通インフラに投資。
・オリンピック・パークでは一・一万戸の住宅供給を行う予定で一万人以上の雇用創出を期待。

三　経済効果

・これまでの経済効果は九九億ポンド（一兆九一〇七億円）。直接投資二五億ポンド（四八二五億円）、スポーツ事業受注一五億ポンド（二八九五億円）、輸出五九億ポンド（一兆一三八七億円）。二〇一六年までの達成目標（一一〇億ポンド（二兆一二三〇億円））のうちすでに九〇パーセント達成。今後のさらなる経済効果を二八〇億～四一〇億ポンド（五兆四〇四〇億～七兆九一三〇億円）と試算。
・ロンドンで新規雇用七万人創出。二〇二〇年までに六一・八万人から八九・三万人に新規雇用が期待。

・英国企業によるスポーツ事業契約六〇件以上、一・二億ポンド（二三一億六〇〇〇万円）
・二〇一二年の外国人観光客数一パーセント増加、支出は四パーセント増加。

四　コミュニティの融合

・二〇〇五年から減少傾向にあったボランティア数が二〇一二〜二〇一三年にかけ増加。
・二〇一三年の夏季期間に、スポーツ分野で一〇万人の新規ボランティア参加を目標。
・「ロンドン・アンバサダー」が二〇一三年のロンドンの主要イベントに参加。

五　パラリンピック・レガシー

・英国民の八一パーセントがパラリンピックにより障がい者の見方がよい方向に変わったと回答。
・障がい者のスポーツ参加が増加。
・二〇一六年リオパラリンピックに向けた英国チームへの資金の増加。
・地域レベルのスポーツへの参加などを促進する資金の増加。
・交通機関、各種施設などにおいて障がい者のアクセシビリティが向上。

【資料】………五
参考ウェブサイト

ロンドンオリンピックレガシー総合サイト（Learning Legacy）
http://learninglegacy.independent.gov.uk/

英国政府
https://www.gov.uk/government/policies/creating-a-lasting-legacy-from-the-2012-olympic-and-paralympic-games

ロンドン都
https://www.london.gov.uk/

ロンドン・レガシー開発公社（LLDC）
http://queenelizabetholympicpark.co.uk/

英国土木学会
http://www.icevirtuallibrary.com/info/learninglegacy

デザイン学会
http://www.beyond2012.org.uk/

あとがき

ロンドンオリンピックから三年以上が経過した今でも、私のメールにはスポーツ・イングランド（Sport England）というスポーツ振興団体から配信されるニュースレターが毎月届く。各種スポーツイベントの開催日程、チケット情報に加え、ボランティアの募集案内も含まれる。オリンピックの観戦チケットの応募者に対し大会後も継続的に情報提供を行っているもので、これもひとつのオリンピックレガシーなのである。

あらためて関係資料を見ていたら、オリンピック施設整備庁（ODA）長官であったデービット・ヒギンス卿のインタビュー記事に目がとまった。オリンピックの施設整備において重要なことは「プロセスの開放性と透明性」だと言う。たしかに、オリンピックパークを建設しているときには「View Tube」という施設があった。パーク全体が見渡せる小高い丘に建つ展望台にインフォメーションセンターが併設され、誰もが気軽に見学が可能で、展望台からはパーク全景が見渡せ、建設工事の進捗状況を確認することができた。希望すればパーク内をバスで案内してもらえた。こうした一つひとつの地道な取り組みがオリンピックを成功に導いたのであろう。

オリンピックに関する情報を収集するに当たっては本当に多くの英国関係者、そして職場の同僚等のご尽力を賜った。すべての方のお名前を挙げることはできないが、とくにお世話になった方についてその発言とともにご紹介させていただくことで、私からの謝意を表明したい。

重要なのは関係者間の意志疎通である。困ったらすぐに携帯電話で相談すればよい。オリンピック成功の鍵はこの携帯電話なのかもしれないね。――ニール・コールマン氏（元オリンピック施設整備庁理事、現ロンドンレガシー開発公社［LLDC］副議長）

オリンピック成功というひとつの目標に向かい、全員が一致協力して仕事に取り組めるのは一種の快感である。もし君たちにオリンピックに関わるチャンスがあれば、迷わず手を挙げるべきだ。――サイモン・ライト氏（元オリンピック施設整備庁インフラ担当部長）

当たり前だが、まちには水と緑が必要である。オリンピックパークは人と自然とのバランスを重視している。――ピーター・ニール氏（元オリンピック施設整備庁景観設計担当顧問）

長期間にわたるプロジェクトでは、事前の明確な目標設定とともに、途中段階の状況変化に対応しうる柔軟性が求められる。――アレックス・サビーン氏（元オリンピック施設整備庁、現ロンドンレガシー開発公社［LLDC］都市計画担当）

オリンピックパークは英国建設業の成功を示す巨大なショーケースである。国と会社の両方の名誉をかけたビッグプロジェクトを彼らは完璧に成し遂げた。——テリー・ボニフエイス氏（英ビジネスイノベーション技能省［BIS］建設業課課長補佐）

ロンドンは東京を見ている。オリンピックを機に東京がよくなれば、ロンドンはもっとよくなるはずだ。——ジョン・レット氏（ロンドン都［GLA］シニアプランニングマネジャー）

ロンドンは末長くフクシマに寄り添っていきたい。——ヴィクトリア・ボーウィック氏（元ロンドン副知事、現英下院議員）

最後にこの原稿をまとめるにあたり、飯塚忠夫専務、川尻大介氏をはじめ鹿島出版会の方々にはたいへんお世話になった。末尾ながら、あらためて厚く御礼申し上げたい。

二〇一五年九月八日　喜多功彦

喜多功彦（きた・かつひこ）
国土交通省都市局都市政策課都市再構築政策室長（兼）内閣官房まち・ひと・しごと創生本部事務局企画官
一九七六年生まれ。一九九八年建設省（現・国土交通省）入省。国土交通省住宅局、建設業課の課長補佐を経て、二〇一一〜一四年在英国日本国大使館一等書記官。ロンドン・オリンピック・パラリンピックに向けた都市づくりについて調査、研究のかたわら、英国内における日本庭園の整備、イベントの企画・実行等を担当。二〇一四年七月より現職。

五輪《ごりん》を楽《たの》しむまちづくり　ロンドンから東京《とうきょう》へ

二〇一五年一〇月二〇日　第一刷発行

著者　喜《き》多《た》功彦《かつひこ》

発行者　坪内文生
発行所　鹿島出版会
〒一〇四－〇〇二八　東京都中央区八重洲二－五－一四
電話〇三－六二〇二－五二〇〇
振替〇〇一六〇－二－一八〇八八三

印刷・製本　壮光舎印刷

ISBN 978-4-306-09442-0 C0052

本書の内容に関するご意見・ご感想は左記までお寄せ下さい。
URL: http://www.kajima-publishing.co.jp/
e-mail: info@kajima-publishing.co.jp